L'Homme façonné par les virus

Fréderic Tangy
et Jean-Nicolas Tournier

L'Homme façonné par les virus

Le Covid-19 et la découverte d'un vaccin français

Odile Jacob

15, rue Soufflot, 75005 Paris

www.odilejacob.fr

ISBN : 978-2-7381-5432-3

Introduction

« Il y aura donc des maladies nouvelles. C'est un fait fatal. Un autre fait, aussi fatal, est que nous ne saurons jamais les dépister dès leur origine. » Ainsi s'exprimait Charles Nicolle, prix Nobel de médecine, dans ses leçons au Collège de France, il y a près d'un siècle. Cette phrase simple avait des accents prophétiques. Car nous y sommes. Au début de l'année 2020, un virus jusque-là inconnu a surgi. En un an, il s'est diffusé sur toute la planète, tuant 1,7 million de personnes, sans qu'on ait encore trouvé le moyen de s'en défendre.

D'où vient-il ? Pourquoi s'est-il réveillé ? L'horloge moléculaire qui permet de dater la naissance du nouveau coronavirus SARS-CoV-2 (pour *severe acute respiratory syndrome*-coronavirus de type 2) à l'origine du Covid-19 (pour *coronavirus disease*-19) fait remonter aux années 1950 la séparation de ce virus de son cousin chez la chauve-souris. Il a depuis vécu en clandestin, avant de faire son apparition à Wuhan en Chine à l'automne 2019. Il s'est ensuite propagé rapidement, puisque les premiers patients sont identifiés en France le 31 décembre 2019, le jour même de la reconnaissance officielle de l'épidémie en Chine. Le monde inquiet a depuis assisté à l'éclosion discrète, puis à la croissance exponentielle et brutale de cette pandémie dont les vagues se succèdent, toujours plus meurtrières, n'épargnant personne.

Le choc est violent pour nos sociétés occidentales qui vivaient dans une certaine quiétude depuis des générations. Cette menace existentielle a bouleversé notre quotidien. Il faut se replonger dans *La Peste* d'Albert Camus pour comprendre l'ampleur du désastre qui nous frappe : « Le fléau n'est pas à la mesure de l'homme, on se dit donc que le fléau est irréel, c'est un mauvais rêve qui va passer. Mais il ne passe pas toujours et, de mauvais rêve en mauvais rêve, ce sont les hommes qui passent, et les humanistes en premier lieu, parce qu'ils n'ont pas pris leurs précautions ».

Nous nous sommes retrouvés enfermés, comme emprisonnés dans une gangue sécrétée par une maladie inconnue. Il n'a plus été question que de « confinement », ce mot qui désigne la « quarantaine à domicile ». L'arrêt sur image inédit de la vie sociale et économique était imposé par l'engorgement de notre système de santé et le nombre croissant de patients hospitalisés en réanimation dans un état grave. Il a été globalement accepté par la population, qui s'y est pliée avec une souplesse qu'on ne lui connaissait pas.

Après le traumatisme collectif du printemps 2020, nous croyions en avoir fini. Mais nous ne sommes pas revenus au monde d'avant le Covid-19, qui s'est évanoui comme un rêve. Une deuxième vague épidémique a surgi à l'automne 2020, plus forte que la première. Il nous faut l'admettre : un petit objet de quelques nanomètres a profondément et durablement transformé nos sociétés. Les querelles homériques autour de la liberté (ou non) de sortir dans l'espace public le visage masqué ont été balayées d'un trait de plume. Nécessité a fait loi. Le masque, ce morceau de tissu dissimulant le visage, autrefois offense à notre culture, a été rendu obligatoire. Le Covid-19 a imposé de nouveaux rites, une nouvelle manière de vivre. Et ce dans tous les aspects de la vie : au travail, à l'école, dans les loisirs et les voyages, et même dans nos interactions sociales les plus intimes avec nos amis, nos familles, les êtres qui nous sont chers. Le principe de « distanciation » s'est insinué partout.

Cette pandémie de Covid-19, qui survient à l'ère de la domination technique de la planète, est aussi la première pandémie à l'heure des médias sociaux, de la désinformation continue, de la capacité qu'ont certains puissants de nier les faits, d'augmenter la confusion et, à terme, d'alourdir le bilan humain.

En 2020, l'homme paraît aussi démuni que pouvait l'être Charles Nicolle il y a un siècle face à la menace d'un virus inconnu. « Comment les reconnaîtrions-nous, ces maladies nouvelles, comment soupçonnerions-nous leur existence avant qu'elles n'aient revêtu leurs costumes de symptômes ? Il faut bien se résigner à l'ignorance des premiers cas évidents. Ils seront méconnus, confondus avec des maladies déjà existantes et ce n'est qu'après une longue période de tâtonnements que l'on dégagera le nouveau type pathologique du tableau des affections déjà classées », poursuivait-il dans sa leçon au Collège de France.

Aujourd'hui, l'identification d'une nouvelle maladie émergente reste difficile. La France, en dépit de sa puissance technologique, de sa médecine de pointe capable de changer un cœur, un poumon, un foie, n'a pas su anticiper l'épidémie de Covid-19. En mars 2020, les services de réanimation étaient débordés. La seule solution viable était de confiner la nation entière. Le pays a échappé à la catastrophe sanitaire grâce au dévouement de nombreux médecins, infirmières, secouristes et inconnus, et au transport massif de patients en réanimation dans des TGV transformés en ambulance. Une mobilisation de l'urgence racontée par les soignants, qui fait écho aux mots de Camus : « Oui, il y avait dans le malheur une part d'abstraction et d'irréalité. Mais quand l'abstraction se met à vous tuer, il faut bien s'occuper de l'abstraction. »

Pour appréhender cette abstraction dont parle Albert Camus, il faut tenter de comprendre ce vivant qui nous entoure et dont nous ne pourrons jamais nous extraire. Il nous paraît proche et familier, solidement ancré sur notre terre. Les animaux de compagnie qui habitent nos maisons, les insectes qui bourdonnent à nos oreilles l'été, les fleurs qui illuminent nos printemps, les arbres qui façonnent nos paysages fondent notre réalité tangible. Mais une grande partie du vivant est un monde foisonnant, microscopique... et invisible.

Les formes de vie sont si diverses qu'essayer de les décrire fait figure de quête du Graal pour les biologistes. Ces découvreurs de la biodiversité sont les derniers vrais explorateurs. Et ils ont de quoi faire. Il n'est pas de contrée qui ne soit occupée par une forme quelconque de vie. Depuis les cratères des failles sous-marines jusqu'au sommet des montagnes, la vie est partout présente, elle colonise tous les milieux, même les plus hostiles. Les chercheurs de vie, autrefois naturalistes, botanistes, entomologistes, classificateurs de fossiles et confectionneurs d'herbiers, s'étaient mués hier en biologistes munis de microscopes. Leurs outils sont mille fois plus efficaces aujourd'hui. Ils travaillent désormais sur des ordinateurs surpuissants pour décrypter, par le séquençage massif de la biosphère, le sens des fragments de gènes amoncelés, mais aussi pour découvrir de nouveaux virus.

Les maladies infectieuses incarnent la grande tragédie de la vie. Elles frappent tous les êtres vivants. Des insectes et mollusques jusqu'aux poissons, reptiles, oiseaux et mammifères les plus évolués, tous sont susceptibles de succomber à une infection. Les plantes n'y échappent pas, souffrant de mille maux elles aussi. Les bactéries qui nous infectent sont elles-mêmes infectées par des milliards de virus, ces formes biologiques les plus rudimentaires, plus surprenantes les unes que les autres. Ces virus eux-mêmes sont infectés par d'autres virus. Dans ce monde grouillant, chaque être vivant cherche à survivre et à se propager, infectant ou étant infecté. Les virus infectant les bactéries marines et les algues représentent ainsi la principale cause de transfert de carbone au niveau des mers. Les conséquences des maladies infectieuses ne sont donc pas anodines pour la biosphère.

De tous ces êtres vivants, de cette foule à la fois étonnante, chaotique et d'une fascinante beauté, l'homme a émergé il y a environ 300 000 ans. La naissance de notre lignage est consignée dans des restes archéologiques dispersés sur la planète. Comme les autres êtres, l'homme a été la proie des germes. Sa survie n'était pas gagnée. Les infections ont poursuivi nos ancêtres et auraient pu les réduire à n'être que des fossiles dans un musée. L'*Homo sapiens* pouvait disparaître comme ses proches cousins hominiens qui portent les noms des grottes où ils ont été retrouvés : Neandertal et Denisova.

Les maladies infectieuses sont donc indissociables de l'histoire de l'homme, même si les spectres du choléra, de la typhoïde, de la variole ou de la poliomyélite, maladies autrefois si communes en France, se sont effacés de notre imaginaire. À la fin du XXe siècle, le sida avait réveillé la peur d'une maladie infectieuse mortelle, injuste, foudroyant la jeunesse, mais il a rapidement été jugulé par les trithérapies. Depuis, dans nos familles occidentales, la grande faucheuse s'appelle désormais cancer ou maladie d'Alzheimer.

Pourtant, si nous portons notre regard au-delà du cadre restreint de nos sociétés aseptisées, de nouveaux virus ont émergé. Dans le reste du monde, les infections continuent de représenter la principale cause de mortalité. L'humanité vit toujours sous l'épée de Damoclès d'êtres microscopiques. Les choses n'ont pas beaucoup changé depuis l'apparition de l'homme. On comprend mieux la crise du Covid-19 en la replaçant dans le cortège des grandes épidémies passées.

Ces maux qui ont été le lot de l'homme depuis son apparition ont profondément affecté notre histoire. Les épidémies ont tué prématurément des princes de sang, balayé des dynasties royales, décimé des armées levées par des monarques résolus et renversé le cours de guerres que l'on croyait gagnées. Elles ont attisé des révoltes, freiné les désirs de conquête de souverains trop ambitieux et mis à bas des empires inébranlables. Bref, les maladies infectieuses ont pesé sur le cours de notre histoire. Dans *Le 18 Brumaire de Louis Bonaparte*, Karl Marx remarquait : « Les hommes font leur propre histoire, mais ils ne la font pas arbitrairement, dans les conditions choisies par eux, mais dans des conditions directement données et héritées du passé ». Avec lui, la plupart des historiens ont ignoré le rôle capital d'une de ces contingences majeures de l'homme : les microbes. Les épidémies infectieuses ont façonné nos gènes et notre histoire, et depuis toujours l'homme cherche à s'en défendre.

La première partie du livre s'imposait : le Covid-19 a frappé la planète en 2020. Ce virus émergent, encore mal connu, révèle notamment chez l'homme une fragilité génétique qui lui vient de lointains ancêtres préhistoriques. À partir de cette actualité menaçante, au travers du prisme de l'analyse biologique des épidémies, nous nous attachons à comprendre les maladies transmissibles, en essayant d'expliquer comment elles ont contribué à façonner l'homme biologiquement. Les épidémies ont laissé des traces de leur passage, ténues, localisées au plus profond de notre génome, dont la lecture est devenue possible depuis les années 2000, grâce au séquençage à haut débit des génomes.

Dans un deuxième temps, nous proposons une relecture du passé : comment les épidémies ont-elles pu affecter si profondément l'histoire moderne ? Certes, nul n'a jamais vu de ses yeux le virus de la variole ou le bacille du choléra, mais les maux qu'ils ont causés furent tangibles, leurs victimes ont rempli les cimetières et les fosses communes. Au cours des conflits passés, les souverains et leurs armées ont usé d'armes ostensibles, de canons, de lances, d'arbalètes, et leurs batailles sur le terrain ont marqué la mémoire des stratèges. Mais quel manuel scolaire s'intéresse à ces autres guerres menées par des ennemis invisibles et bien plus dangereux : les microbes, causes de tant d'embardées historiques ?

Il importe, dans un troisième temps, de faire le point sur les fabuleuses leçons de la biologie et de la génomique. Nous hébergeons un monde d'êtres invisibles sans lesquels nous ne pourrions pas vivre. Nos limites ne sont pas celles que nous croyons. Ces découvertes récentes nous amènent à redéfinir notre identité d'être humain. Elles nous révèlent notre fragilité et notre étroite interdépendance avec l'ensemble de la biosphère. Les émergences virales du début du XXIe siècle constituent un brutal rappel à l'ordre.

Enfin, nous consacrons la dernière partie au combat des hommes contre l'emprise infectieuse, dont la quête mondiale d'un vaccin contre le Covid-19 est la dernière brûlante illustration. Les fléaux originels, s'ils n'avaient pas disparu, avaient été largement maîtrisés par deux révolutions majeures : la révolution pasteurienne de la fin du XIXe siècle avec la naissance des vaccins, et la révolution des antibiotiques quelques dizaines d'années après. La peur des maladies infectieuses s'était progressivement effacée de l'imaginaire collectif. Elle a ressurgi, intacte, avec la diffusion planétaire en 2020 du virus apparu à Wuhan, en Chine. En France, l'Institut Pasteur s'est mobilisé pour mettre au point, dans des délais jamais égalés jusque-là, un vaccin contre ce nouvel agent pathogène. Une aventure scientifique inoubliable. Nous avons vécu de l'intérieur cette crise sanitaire. La richesse du récit tient à nos regards complémentaires : Jean-Nicolas, en tant que médecin militaire, s'est occupé du dépistage du virus et de la mise en place des mesures de protection et d'études de l'immunité au sein des armées. Il a lui-même expérimenté l'infection. Frédéric, comme directeur du laboratoire d'innovation vaccinale à l'Institut Pasteur, a conçu et mis au point avec son équipe un vaccin contre le Covid-19 en seulement quelques mois.

Partie I

L'homme façonné par les maladies infectieuses

CHAPITRE 1

Le Covid-19

Début janvier 2020, l'information tombe dans le milieu scientifique et médical : un nouveau coronavirus aurait émergé en Chine. Le grand public, lui, n'a presque jamais entendu parler des coronavirus. Des virus en couronne ? Il connaît les virus de la grippe, du sida, de la polio, de la variole, à peine sait-il que la rougeole ou la varicelle sont causées par des virus. Il ne connaît aucune maladie causée par un coronavirus. Pourtant, en 2003, déjà en Chine, le fameux SARS ou syndrome respiratoire aigu sévère s'était fait menaçant avant de disparaître. Puis en 2012, le MERS ou syndrome respiratoire du Moyen-Orient, lui aussi causé par un coronavirus, avait fait craindre une pandémie aux autorités mondiales de la santé. Une déflagration encore plus violente ébranle la planète en 2020.

Le cas du docteur Li Wenliang

Cette fois, le premier cas rapporté est un patient chinois de 55 ans, tombé malade le 17 novembre 2019. Un mois après, une étrange épidémie fait rage à l'hôpital de Wuhan.

Le docteur Li Wenliang, un jeune ophtalmologiste de 33 ans à l'hôpital central, dans le district de Jiang'an, s'interroge sur ces patients porteurs d'une mystérieuse pneumopathie qui affluent aux urgences. Ils travaillent tous au marché aux poissons de la ville, qui est surtout un marché d'animaux sur pied. Ça tousse dans les box d'examen, les malades frissonnent sur les brancards. L'inquiétude gagne le personnel hospitalier. Le docteur Li Wenliang fait des recherches sur Internet. Ces pneumopathies contagieuses ressemblent au SARS, ce fameux virus apparu en 2003.

Le 27 décembre, la docteur Fen Ai reçoit aux urgences un malade porteur de la curieuse pneumopathie. Elle expédie les prélèvements au laboratoire en demandant la recherche de tous les virus respiratoires. Le 30 décembre, elle reçoit les résultats : le virus de son patient est inconnu, mais est compatible avec le coronavirus du SARS. Elle envoie une alerte au service de santé publique de la province du Hubei et au service d'infectiologie de l'hôpital pour que son patient soit isolé. Comme l'information est importante, elle la partage avec les médecins du département sur WeChat, le Facebook chinois. À son tour, le docteur Wenliang la poste sur le groupe WeChat des médecins de sa promotion de la faculté de médecine de Tongji. Le message de Li Wenliang se répand ensuite de manière virale. Il est vite repéré par les autorités.

Le lendemain, la docteur Fen Ai est interrogée par le service de supervision de l'hôpital. Elle reçoit une réprimande sans précédent pour avoir répandu des rumeurs infondées. Les services s'intéressent surtout au docteur Li Wenliang. Son cas est plus grave, car l'information est sortie du cercle des médecins de l'hôpital. Il est convoqué au commissariat de police. Le bureau de la sécurité publique de Wuhan l'accuse d'avoir diffusé de faux commentaires sur Internet. Il doit reconnaître que son comportement a perturbé l'ordre social, un délit grave en Chine. Les policiers exigent qu'il cesse ces actions illégales et subversives sous peine de poursuites. Le compte WeChat du médecin est fermé. Le 8 janvier, le docteur Li Wenliang tombe malade. Il infecte ses parents mais, dès qu'il se sent contagieux, il s'isole de sa femme enceinte et de sa fille dans une chambre d'hôtel. Le diagnostic est celui d'une infection par le Covid-19.

Le 11 janvier 2020, Hu Ziwei, une infirmière des urgences, tombe malade à son tour. La docteur Fen Ai interpelle ses supérieurs, mais le directeur de l'hôpital central décide de falsifier les diagnostics médicaux de l'infirmière infectée.

Le 12 janvier, le docteur Li Wenliang consulte aux urgences. Il est admis directement en soins intensifs pour une détresse respiratoire. Il décède du Covid-19 à 33 ans le 6 février. Il fait partie de ceux que Camus appelle « les hommes qui passent [...] parce qu'ils n'ont pas pris les précautions ». Le docteur Li Wenliang rejoint le destin d'autres héros anonymes ou plus connus comme le docteur Carlo Urbani, qui avait alerté le monde sur le danger du SARS, dont il est mort.

L'alarme planétaire

En dépit de ces premières tentatives pour étouffer l'apparition du nouveau virus, l'Organisation mondiale de la santé (OMS) et les Centers for Disease Control and Prevention (CDC)* aux États-Unis sont informés fin décembre 2019 et communiquent sur les risques d'une épidémie. En janvier 2020, les autorités chinoises confirment qu'il s'agit d'un nouveau virus de la famille des coronavirus et signalent déjà une soixantaine de victimes. Le SARS-CoV-2 (deuxième coronavirus lié au syndrome respiratoire

---

* Le CDC est l'institut de santé publique américain, dont le siège est à Atlanta en Géorgie.

aigu sévère) a été isolé. L'OMS lance une alerte internationale et annonce que la maladie est contagieuse. La transmission des virus respiratoires comme la grippe se fait par les postillons, la toux, les éternuements ou le contact d'objets contaminés. La période d'incubation peut durer deux semaines pendant lesquelles le malade est contagieux les deux derniers jours. Il faut donc détecter rapidement les nouveaux cas pour les isoler et éviter qu'ils ne répandent l'infection.

Mais en Chine, en Thaïlande, au Japon, en Australie, bientôt en Europe puis aux États-Unis, les cas graves et les décès s'accumulent déjà. Le 11 mars, le directeur général de l'OMS qualifie le Covid-19 de pandémie – l'épidémie touche plusieurs continents – et souligne qu'il s'agit de la première causée par un coronavirus. Dans le monde entier, les équipes médicales et de recherche se mobilisent fébrilement pour circonscrire ce nouvel envahisseur.

Les coronavirus se présentent sous le microscope électronique comme de minuscules sphères d'un dix millième de millimètre, entourées d'une sorte de couronne solaire faite de projections protéiques. Ils existent depuis des centaines de millions d'années, mais n'ont fait parler d'eux que récemment. Les premiers coronavirus humains isolés depuis la fin des années 1960 provoquent des rhumes bénins et surviennent au cours d'épidémies saisonnières, comme la grippe. D'autres coronavirus provoquent des maladies chez la volaille ou les porcs. Les chauves-souris et les oiseaux sont le réservoir naturel de ces virus ; ils assurent leur évolution et leur dissémination. Les coronavirus sont normalement spécifiques à chaque hôte, mais ils peuvent parfois en changer à la suite de mutations. Plus de 500 types de coronavirus ont été isolés chez des chauves-souris mais il en existerait plus de 5 000 ! À l'intérieur de la sphère couronnée, appelée particule virale ou virion, se tapit le génome du virus sous la forme d'une longue molécule d'ARN enroulée autour d'elle-même qui contient toute l'information génétique nécessaire au virus pour infecter une cellule et s'y multiplier.

Précisément, l'analyse de la séquence du génome du nouveau coronavirus de Wuhan montre qu'il est très proche de quatre virus de chauve-souris qui ont la potentialité d'infecter les cellules humaines. Mais les chauves-souris ne contaminent pas directement l'homme. Elles infectent d'autres animaux qui lui transmettent le virus. Lesquels, sur le marché de Wuhan, ont donc fait le lien avec l'homme ? On ne sait pas. Il a été question de serpents, de pangolins, ou d'autres animaux encore qui ont été retrouvés positifs. Mais le coupable n'est pas connu.

D'imprévisibles symptômes

Les premiers signes sont ceux d'une forte grippe : fièvre, toux, difficulté respiratoire, fatigue, douleurs musculaires, migraines, vertiges, troubles gastro-intestinaux. À ceux-là s'ajoute une perte de l'odorat et du goût. Si une majorité de personnes infectées restent asymptomatiques, c'est-à-dire qu'elles n'ont aucun de ces signes, d'autres voient leurs symptômes s'aggraver, au point qu'elles doivent être prises en charge en soins intensifs à l'hôpital. La détresse respiratoire aiguë touche 30 % des malades. Les virions infectent les pneumocytes, les cellules qui tapissent l'intérieur des alvéoles pulmonaires et assurent l'échange gazeux permettant la respiration. Les lésions alvéolaires provoquent la congestion des vaisseaux capillaires et la nécrose des pneumocytes. Une myocardite, une atteinte inflammatoire du cœur, peut survenir dans 10 % des cas. La très forte réponse inflammatoire de l'organisme engorge un peu plus les alvéoles et dégrade les petits vaisseaux artériels.

Elle est aussi responsable du fameux « orage cytokinique * » qui se manifeste par une autre violente réponse inflammatoire du système immunitaire. L'organisme surréagit contre un ennemi inconnu. Ces complications peuvent entraîner la mort, particulièrement chez des personnes rendues fragiles par l'âge ou par des comorbidités comme le diabète, l'hypertension ou l'obésité. Mais la mort frappe aussi des personnes jeunes et sans problèmes médicaux.

Le taux de létalité de la maladie, à savoir le nombre de décès rapporté au nombre de personnes malades, se situe entre 2 et 3 %. Mais cette moyenne cache des écarts importants selon l'âge et l'état de santé. Ce taux serait de 1 % environ chez les moins de 60 ans, de 6 % chez les plus de 60 ans et de 13 % au-dessus de 80 ans. Le taux de mortalité, qui exprime le nombre de décès par rapport à l'ensemble de la population, est estimé, lui, entre 0,5 et 1 %, donc 5 à 10 fois supérieur à celui de la grippe saisonnière. En France, cette dernière tue environ 8 000 personnes par an alors qu'entre janvier et décembre 2020, le Covid a déjà fauché plus de 60 000 personnes.

Les patients sur leur lit de réanimation suréquipé ou transportés en hélicoptère vers d'autres hôpitaux, les cercueils qui s'entassent devant les Ehpad... toutes ces images transmises en boucle par les chaînes de télévision font froid dans le dos, tout comme les descriptions, par les médecins infectiologues, pneumologues ou réanimateurs, des symptômes et de l'ampleur des lésions causés par ce virus chez les malades.

---

* Les cytokines sont des protéines circulantes qui jouent le rôle de signaux permettant aux cellules d'agir à distance sur d'autres cellules pour en réguler l'activité et la fonction. Moins connues du grand public que les hormones et les neuromédiateurs, elles sont tout aussi essentielles à la communication entre cellules. Elles sont synthétisées principalement en réponse à un signal et selon un langage « universel » compris par toutes les cellules de l'organisme. Elles exercent leur activité dans l'embryogenèse, la reproduction, la gestation, l'hématopoïèse, la réponse immunitaire, l'inflammation ou des processus pathologiques.

Elles inquiètent d'autant plus qu'il n'existe pas actuellement de traitement efficace contre le SARS-CoV-2, malgré tous les essais cliniques réalisés dans le monde. De nombreux médicaments antiviraux déjà utilisés contre le sida ou la grippe ont été testés : le remdésivir, la ribavirine, la combinaison lopinavir/ritonavir, ou des agents immunomodulateurs comme l'interféron, la chloroquine et des immunoglobulines. Tous se sont révélés inactifs. Le traitement est donc purement symptomatique. Il vise à suppléer les défaillances pulmonaires, cardiaques ou rénales par la ventilation non invasive, la ventilation mécanique ou l'oxygénation extracorporelle.

En l'absence de vaccin pendant l'année 2020, la seule prévention a consisté à éviter de contracter le virus en respectant les mesures de distanciation physique et les confinements partiels ou complets. Car après presque un an de lutte contre le virus, nous étions toujours démunis et la seconde vague, plus puissante que la première, a déferlé sur l'Europe et les États-Unis. Seuls la Chine et quelques pays faiblement touchés ont jugulé l'épidémie grâce à des mesures extrêmement contraignantes et des capacités logistiques bien supérieures aux nôtres.

L'espoir d'un vaccin

Un vaccin préventif était donc attendu avec impatience. Mais faire un vaccin contre un nouveau virus en quelques mois est un énorme défi médical, technologique et financier. Il a fallu quinze ans en moyenne pour développer les derniers nouveaux vaccins récemment mis sur le marché. Six ans au mieux ! Ce dernier projet était une gageure, d'autant qu'aucun vaccin n'avait jamais encore été développé contre un coronavirus humain. À la fin de l'année 2020, on ignore encore si l'immunité naturelle induite par la maladie est protectrice, combien de temps elle dure, et les nouvelles sont mauvaises. Sa longévité semble de courte durée, d'après les études les plus récentes.

Quelque 200 programmes vaccinaux ont pourtant été lancés dans le monde au cours de l'année 2020 ! Du jamais vu. Les grandes compagnies pharmaceutiques, les biotechs, les start-up, les universités, toutes s'y sont mises, avec des concepts divers et pour beaucoup originaux, jamais encore testés chez l'homme. Plutôt que de développer des vaccins à partir de virus vivants atténués ou de virus inactivés, les labos ont utilisé de nouvelles stratégies. Ils ont par exemple eu recours à des virus vecteurs, c'est-à-dire des virus inoffensifs pour l'homme comme l'adénovirus ou le virus vaccinal de la rougeole, qui véhiculent et présentent au système immunitaire les antigènes du coronavirus. Ou bien les vaccins à ARN qui consistent en une simple molécule d'ARN exprimant l'antigène du coronavirus, qui est formulée dans des nanoparticules mimant l'aspect d'un virus. Ces vaccins à ARN ont fait parler d'eux quand la société américaine Moderna a levé des fonds pour les développer avec la bénédiction du président Trump.

Les avancées ont été très rapides en Chine ou en Russie où les critères de sûreté réglementant les essais cliniques sont moins stricts qu'en Europe ou aux États-Unis. Dans la Russie de Poutine, dès le début décembre 2020, le vaccin Spoutnik contre le coronavirus est déjà distribué dans la population alors qu'il n'a été testé que sur une centaine de volontaires sans avoir démontré son efficacité. La communauté scientifique reste sceptique. Dans le reste du monde, plusieurs vaccins sont en essais cliniques avancés destinés à démontrer leur efficacité dans la population dans des conditions réelles de risque d'infection par le coronavirus. Ces tests se font sur plusieurs dizaines de milliers de volontaires. Ils sont difficiles à conduire et très coûteux. Leurs résultats sont déterminants dans la décision d'introduire ou non le vaccin dans la population générale. L'OMS exigeait en priorité que le vaccin protège à 90 % en une seule administration. Puis le critère a été réduit à 70 % avant de tomber à 50 % fin 2020, ce qui témoigne de l'urgente nécessité de ce vaccin.

Au mois de novembre 2020, le géant américain de l'industrie pharmaceutique Pfizer a annoncé que son vaccin s'était révélé efficace à 90 % dans un essai contrôlé d'efficacité sur plusieurs dizaines de milliers de volontaires. Dans le groupe vacciné, dix fois moins de personnes avaient développé la maladie que dans le groupe contrôle ayant reçu un placebo. Un résultat provisoire pour une étude encore en cours, mais qui allait au-delà des espérances de l'OMS. Ce vaccin d'un nouveau type, basé sur l'ARN, a été développé avec la PME allemande BioNTech. À cette date, des questions restaient toutefois en suspens : l'immunité protectrice était-elle durable ? Quelles sont les populations qui répondent le mieux au vaccin ? Était-il sûr ? La capacité industrielle de production serait-elle suffisante ? La chaîne du froid nécessaire à ce vaccin serait-elle assurée ? Il n'empêche, un tel résultat en seulement dix mois est impressionnant. Il a été rendu possible grâce à de gros investissements financiers, à l'aide du gouvernement américain et aux nouvelles technologies. Une semaine après, la société Moderna à son tour a annoncé que son propre vaccin basé sur la même technologie était efficace à 94,5 %.

D'autres vaccins devaient voir le jour au cours des mois suivants. En France, l'Institut Pasteur a développé le sien à partir d'un vaccin traditionnel contre la rougeole. Cette mobilisation planétaire, sans précédent, a démontré la capacité de réaction du monde médical, scientifique et industriel face à ce nouveau fléau.

La pandémie, toujours menaçante, a profondément changé nos habitudes et nos modes de vie. Elle impacte fortement et peut-être durablement l'économie mondiale. Le Centre des études de risques de l'Université de Cambridge a estimé la perte de PIB mondial au cours des années 2020-2025 en fonction des différents scénarios de sortie de crise. Elle serait d'environ 3 milliards de milliards de dollars (0,65 % du PIB sur cinq ans) en cas de reprise rapide et pourrait s'élever jusqu'à 82 milliards de milliards de dollars (16,3 %) en cas de dépression économique.

La crise aura eu inévitablement des retombées politiques. Cette nouvelle maladie infectieuse, ce virus dont on n'avait jamais entendu parler, pourrait bien avoir ébranlé l'humanité. Et ce alors que nous vivons dans un monde hyperconnecté, de la 5G à Netflix, et des premiers vols dans l'espace organisés par une entreprise privée. Jusqu'où ira la remise en cause ? Le combat pour défendre la planète et pour ralentir notre hyperconsommation énergétique bénéficiera-t-il indirectement de l'effet du coronavirus ? Le confort excessif sera-t-il remis en question ? Sans doute. Car la maladie fait encore plus peur que la guerre et elle force les États et les individus au changement.

CHAPITRE 2

Une approche historique des maladies infectieuses

La pandémie de Covid-19 rappelle notre condition humaine : depuis la nuit des temps, l'homme a subi la peste, la variole, le typhus et tant d'autres maladies infectieuses. Longtemps, il n'a pas compris de quoi il mourait. Les signes apparaissaient, la toux, la fièvre, la difficulté à respirer. Les médecins les identifiaient, recommandaient le repos et espéraient une amélioration. Ensuite, soit le malade guérissait, soit il décédait, sans que l'on sache pourquoi. La compréhension des maladies est une affaire récente.

Les coupables à identifier

Les récits anciens ne nous permettent pas d'appréhender précisément les effets des infections. Molière nous a appris dans les scènes burlesques du *Médecin malgré lui* que la médecine du XVIIe siècle était toute relative. Les récits des docteurs n'étaient pas plus fiables que ceux des commentateurs et des historiens.

Le *Dictionnaire de la langue française* d'Émile Littré définissait l'infection comme « l'action d'infecter, de produire une odeur corrompue et malfaisante ». Elle était donc initialement associée à l'odeur. Fénelon disait : « Quand l'abcès était caché, on se croyait sain et propre ; quand il crève, on sent l'infection du pus. » Cette odeur était un des premiers moyens d'observation clinique, mais elle n'avait pas été reliée à la présence d'un agent pathogène. Le rapport entre la mauvaise odeur et l'infection est resté dans le langage courant, quand on s'exclame : « Cela sent une infection ! », pour parler d'un parfum nauséabond.

Il faut attendre les grands travaux de l'ère pasteurienne qui jettent les bases de la révolution microbiologique et immunologique pour comprendre vraiment ce qu'est la maladie infectieuse.

L'histoire commence au début du XIXe siècle avec la description dans les hôpitaux parisiens des premiers grands syndromes. « Malheureusement, les signes des maladies infectieuses sont presque tous les mêmes : fièvre, maux de tête, agitation ou stupeur, éruption. Seuls leur groupement, leur succession, une observation minutieuse ont pu, après de longs tâtonnements, permettre d'établir des tableaux symptomatiques particuliers et les distinguer entre eux », rappelait encore Charles Nicolle dans ses leçons au Collège de France. Il fallait commencer par regrouper ces différents signes pour les identifier. Cette démarche préalable était nécessaire pour que le médecin, face au malade, commence à poser un diagnostic et puisse lui proposer un traitement.

Mais les hommes de l'art tâtonnent encore. Au XIXe siècle, la majorité d'entre eux croit que les infections naissent spontanément. Quelques pionniers osent penser différemment. Parmi eux, le médecin et physiologiste Claude Bernard développe le concept de milieu intérieur dans ses *Leçons sur les phénomènes de la vie communs aux animaux et végétaux*, publié peu de temps avant sa mort en 1878 : « La fixité du milieu intérieur est la condition de la vie libre et indépendante [...], le mécanisme qui le permet est celui qui assure, dans le milieu intérieur, le maintien de toutes les conditions nécessaires à la vie des éléments. Dans la vie constante, l'être vivant paraît libre et les manifestations vitales semblent produites et dirigées par un principe vital intérieur affranchi des conditions physiques ou chimiques extérieures. Cette apparence est une illusion. Tout au contraire, c'est particulièrement dans le mécanisme de la vie constante ou libre que ces relations étroites se montrent dans leur pleine évidence ». Cette théorie du fonctionnement normal du corps humain permet de distinguer le normal du pathologique et donc de définir la maladie au sens où l'entendait Georges Canguilhem, résistant, philosophe et médecin, qui s'est beaucoup intéressé à l'épistémologie : « La maladie n'est pas seulement déséquilibre ou dysharmonie, elle est aussi, et peut-être surtout, effort de la nature en l'homme pour obtenir un nouvel équilibre. La maladie est réaction généralisée à intention de guérison. L'organisme fait une maladie pour se guérir ».

À la fin du XIXe siècle, deux géants de la science, Louis Pasteur à Paris et Robert Koch à Berlin, font figure de révolutionnaires. Ils démontrent que les maladies infectieuses sont dues à des germes exogènes qui modifient l'état normal du corps. En 1865, fort de ses succès contre les théories vitalistes de la génération spontanée, Louis Pasteur est envoyé à Alès dans le Gard, auprès de séricicultеurs dont les élevages sont ravagés par une maladie inconnue. Pasteur identifie rapidement non pas une mais deux maladies qui touchent les vers à soie. Cette découverte conduit à penser que des germes sont à l'origine des maladies infectieuses, jetant les bases de la microbiologie moderne. En 1878, Charles-Emmanuel Sédillot, chirurgien militaire converti à l'intérêt de l'antisepsie chirurgicale prônée par Pasteur, forge le terme de « microbe » avec l'aval d'Émile Littré. Et en 1889,

Louis Pasteur fonde à l'Institut qui porte son nom le « grand cours de microbie technique* » pour enseigner ses préceptes.

De l'autre côté du Rhin, Robert Koch identifie successivement, en 1876, *Bacillus anthracis,* le bacille du charbon, en 1882 ; *Mycobacterium tuberculosis,* le germe à l'origine de la tuberculose ; puis *Vibrio cholerae,* à l'origine du choléra, en 1883. À partir de 1878, il émet l'hypothèse qu'il existe un lien de causalité entre un agent pathogène et une maladie infectieuse. En 1884, il publie de nouvelles règles qui reprennent ses travaux sur l'agent de la tuberculose : 1) le micro-organisme doit être constamment présent chez les malades, mais absent des personnes saines ; 2) le micro-organisme doit pouvoir être isolé et cultivé ; 3) l'agent pathogène cultivé doit déclencher la même maladie chez un animal de laboratoire sensible ; 4) le micro-organisme peut être à nouveau isolé de l'animal rendu malade par son injection.

Ses travaux sur la tuberculose valent à Robert Koch la célébrité. Son bacille prend le nom de « bacille de Koch ». La théorie des germes et le lien de causalité qu'elle établit – un germe, une maladie – triomphe.

Malheureusement, dès 1890, Koch doit amender ses postulats au Congrès international de médecine à Berlin, car il s'est rendu compte que d'aucuns sont faux. Certaines maladies sont strictement humaines et ne peuvent pas se développer chez l'animal. Les propositions 3 et 4 deviennent donc facultatives. La proposition 1 n'est pas toujours vérifiée : Robert Koch et ses collègues ont observé que de nombreux porteurs du choléra sont asymptomatiques. Ironiquement, même la tuberculose résiste à la théorie des germes : pour des raisons inconnues à cette époque, 5 à 10 % seulement des personnes infectées tombent malades.

---

* La microbie est le nom de baptême de ce cours sur les microbes. Elle est ensuite devenue la microbiologie.

Parallèlement, Pasteur développe ses méthodes d'atténuation et ses premiers vaccins contre le choléra des poules et la maladie du charbon. On se souvient de sa fameuse expérience en plein champ à Pouilly-le-Fort près de Melun en 1881, lorsqu'il vaccina avec succès une cinquantaine de moutons contre la maladie du charbon. Mais ce sont surtout ses travaux sur la rage, un virus inconnu et mortel, qui le feront passer à la postérité. Ses découvertes fondent l'immunologie, en montrant qu'il est possible d'induire un état d'« immunité », de résistance à l'infection apprise par le contact avec les germes infectieux ou les vaccins.

Le corps à la rescousse

La théorie immunologique des infections, qui se développe au XXe siècle, complète leur compréhension. La connaissance des mécanismes impliqués progresse avec la découverte des anticorps produits par certains globules blancs, les lymphocytes. Cette immunité, dite « adaptative », est acquise lorsque les antigènes* de l'agent pathogène sont reconnus par le système immunitaire. D'autres aspects de l'immunité sont décortiqués au cours de ce siècle. Deux chercheurs en développent les bases théoriques dans leurs institutions respectives. En 1882, Élie Metchnikoff identifie les phagocytes, des globules blancs qui tuent les germes pathogènes. La phagocytose, sur laquelle il travaille à l'Institut Pasteur à Paris, est une part fondamentale de la réponse immunitaire. À Berlin, dans l'institut créé par Robert Koch, Paul Erhlich découvre les anticorps qui sont à la base de l'immunité humorale,

* Un antigène est une molécule reconnue par des anticorps et capable de déclencher une réponse immunitaire de l'organisme.

qui tient son nom des humeurs lymphatiques produites au cours des infections.

Grâce à la microbiologie et l'immunologie, la science peut enfin expliquer la cause des maladies infectieuses et une grande partie de la variabilité d'expression de ces maladies (au moins lors d'une infection secondaire ou d'une réactivation). Le nouveau postulat est « un germe-une infection-un vaccin ».

Définir l'infection

Aujourd'hui, plus d'un siècle après ces pionniers, et grâce aux progrès de la biologie, la maladie infectieuse est un phénomène pathologique bien identifié. Elle se définit comme un processus physiopathologique morbide provoqué par un micro-organisme étranger. Cet indésirable peut être un virus, une bactérie, un parasite ou un champignon microscopique.

Après avoir contaminé la personne, l'agent pathogène se multiplie (ou se réplique) s'il trouve un terrain propice. Pendant cette période d'incubation, il ne se passe rien de détectable. Si l'infection est contrôlée par l'hôte avant d'avoir produit des symptômes cliniques, il s'agit d'une infection asymptomatique.

Dès que la prolifération du microbe produit des symptômes – fièvre, éruption, diarrhée, toux, essoufflement... –, on parle d'infection aiguë. Celle-ci peut évoluer rapidement vers l'infection suraiguë qui entraîne des symptômes irréversibles et la mort, ou vers la guérison si la réponse immunitaire contrôle l'infection. Enfin, si l'infection est mal contrôlée, elle peut évoluer vers des formes chroniques ou récurrentes.

La guérison et l'immunité

La guérison implique que la personne infectée, autrement dit l'« hôte », mette en place une réponse de défense. La réponse immunitaire englobe de nombreux processus participant à l'homéostasie, c'est-à-dire au retour à l'état initial avant infection et à la réparation tissulaire. Les agents infectieux sont détectés dès qu'ils pénètrent dans l'organisme. Qu'ils le fassent par la voie respiratoire (comme le virus de la grippe ou celui du Covid-19), par la voie sanguine après piqûre par un insecte qui véhicule un agent infectieux (comme la dengue, la fièvre jaune ou le paludisme) ou en traversant une muqueuse (intestinale comme pour la polio, vaginale ou rectale comme pour le sida), les micro-organismes sont immédiatement identifiés comme étant du « non-soi ».

Notre organisme a développé au cours de l'évolution un ensemble de mécanismes complexes et diversifiés capables de reconnaître les micro-organismes selon leurs particularités biologiques propres, qui sont absentes chez nous. La première réponse précoce survient en quelques heures. On l'appelle l'immunité « innée » car elle ne nécessite pas de division cellulaire. Le système immunitaire inné existe chez tous les organismes du règne végétal et animal. Bien qu'il ne soit pas spécifique d'un agent infectieux en particulier, il peut distinguer les grandes familles de pathogènes comme les virus des parasites ou les bactéries des champignons. Il constitue une barrière physique et chimique contre les agents infectieux. Des cellules immunitaires alertées par la présence de l'agent infectieux (par des signaux chimiques) migrent en quelques heures au site de l'infection. Elles déclenchent des cascades de réactions diverses selon qu'il s'agisse d'un virus, d'une bactérie ou d'un parasite. Ces réactions sont destinées à détruire par tous les moyens l'agent infectieux et les cellules déjà infectées. Pour ne donner qu'un exemple, l'interféron* produit à la suite d'une infection virale peut activer 200 gènes antiviraux capables d'agir sur toutes les fonctions biologiques d'un virus. L'immunité innée active aussi l'inflammation de l'organe infecté ou de l'organisme entier, avec douleur, œdème, rougeur. La fièvre déclenchée par l'infection participe elle aussi à cette réponse. L'immunité innée est remarquablement efficace. Elle est responsable des premiers symptômes d'une infection aiguë. Après une bonne fièvre et quelques douleurs, on est souvent guéri.

Pendant qu'on se remet, en une à deux semaines le système immunitaire « adaptatif » met en place les réponses spécifiques de chaque agent infectieux et la mémoire immunitaire, qui permettra l'élimination plus efficace de cet agent infectieux si l'organisme y est à nouveau confronté. Cette immunité nécessite la division cellulaire des lymphocytes qui permet de recombiner des gènes entre eux et de produire la diversité capable de reconnaître tous les éléments du pathogène et tous les antigènes qui le composent, mais aussi de tous les agents infectieux rencontrés au cours d'une vie. Chaque élément biochimique de l'agent infectieux (protéines, acides nucléiques) est découpé en petits morceaux qui sont « présentés » aux lymphocytes, qui se divisent ensuite pour générer le répertoire de diversité et la mémoire immunitaire spécifique contre chacun d'entre eux. Les possibilités de diversité de notre système immunitaire sont colossales et dépassent largement le nombre d'agents infectieux que l'on rencontre dans une vie. Ces mécanismes s'opèrent dans la rate, les ganglions lymphatiques et la moelle osseuse où ont remigré

* Les interférons sont des protéines de la famille des cytokines produites par les cellules du système immunitaire des vertébrés en réponse aux infections virales. Leur nom vient du fait qu'elles interfèrent avec la réplication virale en stimulant des cascades de réponses antivirales. Les interférons circulent et signalent aux cellules voisines la présence d'une infection virale.

depuis le site de l'infection les cellules immunitaires qui s'étaient déplacées précocement, transportant avec elles les informations biologiques récupérées sur l'agent infectieux. Les lymphocytes B* (qui proviennent de la moelle osseuse) produisent les anticorps qui circulent dans l'organisme pour neutraliser l'activité du pathogène. Les lymphocytes T (qui proviennent du thymus) produisent des cellules tueuses qui circulent vers les sites d'infection pour détruire les cellules infectées. Des lymphocytes B et T mémoires restent dans les organes.

L'ensemble du système immunitaire a évolué depuis les bactéries et les invertébrés jusqu'à l'homme. Cette évolution nous a transmis les améliorations acquises par chaque espèce à chaque étape de l'histoire qui nous permettent de nous maintenir dans un environnement infectieux changeant.

La composante génétique

Jean de La Fontaine, grand amoureux de la nature, avait écrit dans « Les animaux malades de la peste » : « La peste (puisqu'il faut l'appeler par son nom) […] / Faisait aux animaux la guerre. / Ils ne mouraient pas tous mais tous étaient frappés. » Le poète renvoie au fait que les personnes ne sont pas toutes égales face à la maladie. Les infectiologues se sont longtemps interrogés sur les raisons pour lesquelles le même agent pathogène provoque chez tel enfant une infection gravissime, alors que tel autre ne développe que des symptômes bénins. Cette inégalité face à la maladie infectieuse reste une question scientifique essentielle pour les chercheurs. L'âge et l'état de santé sont des éléments de réponse, mais ils n'expliquent pas tout. Ainsi, dans le cas

* B pour *bone marrow* en anglais.

du Covid-19, bien que les adultes jeunes et en bonne santé ne tombent pas gravement malades, un petit nombre d'entre eux développe des formes graves de l'infection et en décède.

Les scientifiques n'ont pu expliquer cette variabilité des symptômes de l'infection qu'en intégrant la variabilité génétique.

En 1912, Charles Nicolle avait déjà observé qu'il existait des « infections inapparentes » sur le modèle de l'infection par le typhus. Son collègue de l'Institut Pasteur, le médecin parasitologue Edmond Sergent, parle des « infections latentes d'emblée » que nous qualifions aujourd'hui d'asymptomatiques. Nicolle avait compris que ces formes « inapparentes » pouvaient représenter la majorité des infections. On sait aujourd'hui que de nombreuses infections peuvent être asymptomatiques : la poliomyélite, les hépatites virales, la dengue, Zika, ou plus rarement le sida. Du côté des infections bactériennes, un grand nombre de malades de la typhoïde et du choléra sont asymptomatiques. Aujourd'hui, les porteurs asymptomatiques sont suspectés de participer fortement à la transmission du Covid-19.

Au milieu du XXe siècle, les généticiens entrent en scène dans un domaine jusque-là réservé aux microbiologistes et immunologistes. En 1952, Anthony Clifford Allison, généticien sud-africain, décrit le rôle d'une mutation de l'hémoglobine dans la résistance au paludisme. La même année, le pédiatre militaire américain Ogden Bruton examine un enfant qui présente des angines et des infections pulmonaires à répétition. Le praticien observe que le jeune sujet n'a pas d'anticorps dans son sérum, du fait d'une anomalie génétique. La mutation identifiée en 1993 bloque le développement des lymphocytes. La transmission génétique de cette anomalie ne touche que les garçons : elle est liée au sexe car portée par le chromosome X. Le docteur Bruton a guéri l'enfant en lui injectant du sérum contenant ces anticorps. Pour la première fois, une maladie génétique était traitée.

En 1955, le Franco-Américain René Dubos, ingénieur agronome, écologue, connu pour ses travaux en microbiologie, signe un article devenu célèbre, intitulé « Seconde réflexion sur la théorie des germes ». Il y affirme que « si la théorie des germes était correcte, il ne devrait y avoir personne sur la terre pour y croire ». Autrement dit, si les germes frappaient toutes les personnes avec une égale virulence, ils nous auraient tous éliminés depuis longtemps. Ainsi, les germes ne peuvent à eux seuls expliquer toutes les formes cliniques des maladies infectieuses. Il faut tenir compte de la diversité génétique de l'hôte. Avec les moyens de l'époque, l'idée est audacieuse !

Depuis, les généticiens qui travaillent sur la susceptibilité aux maladies infectieuses ont identifié plus de 400 maladies qui provoquent des déficits immunitaires primaires et des centaines de gènes qui prédisposent aux infections. Plus récemment, l'immunologue Jean-Laurent Casanova et le généticien Laurent Abel ont élaboré une « théorie génétique des maladies infectieuses » dans laquelle le profil génétique de l'individu explique en partie la forme que prend la maladie.

CHAPITRE 3

Les révélations du génome

L'humanité a tracé sa voie au milieu d'un maelström de germes. La sélection naturelle a joué son rôle et favorisé les profils génétiques les plus aptes à résister aux maladies infectieuses. L'homme moderne s'est autrefois métissé avec d'autres populations d'hominiens* et en a conservé certains gènes qui s'étaient avérés utiles à la lutte contre les infections. Mais nous découvrons aujourd'hui que cet héritage génétique peut aussi le rendre plus sensible aux virus émergents.

Un petit air de Neandertal

Les symptômes du Covid-19 peuvent être bénins ou mortels. Si l'âge, l'obésité, le diabète ou l'hypertension artérielle sont des facteurs de risque majeurs, ils n'expliquent pas toute cette disparité de formes cliniques. Les chercheurs ont donc interrogé le profil génétique des malades. En comparant l'ADN de 3 199 personnes

* Le terme « hominien » regroupe toutes les espèces appartenant au genre *Homo* depuis *Homo erectus*, *Homo neanderthalensis*, *Homo denisovensis*, *Homo sapiens*... Seul *Homo sapiens* a survécu. C'est l'homme moderne.

atteintes de Covid-19 sévère avec l'ADN de 897 488 personnes en bonne santé, ils ont identifié sur le chromosome 3 un groupe de gènes nettement associé au risque d'hospitalisation et d'insuffisance respiratoire liée au Covid-19. Or ce groupe de gènes qui prédispose aux formes graves de Covid-19 est un héritage de nos lointains ancêtres.

Cette découverte s'est faite en plusieurs étapes. À l'Institut Max-Planck de Leipzig, le généticien suédois Svante Pääbo est le maître incontesté de la paléogénétique, une science qui décrypte l'ADN contenu dans les fragments osseux anciens. En mars 2010, son équipe identifie une nouvelle espèce d'hominidé à partir du matériel génétique retrouvé sur l'homme de la grotte de Denisova. Il s'agit de la première identification d'une espèce humaine par le seul décodage d'ADN fossile. La même année, il publie la séquence presque complète du génome de Neandertal, et montre que 1 à 3 % d'ADN de Neandertal est encore présent aujourd'hui dans les chromosomes d'une grande partie de l'humanité.

Svante Pääbo consulte les études d'association génétique au Covid-19 et découvre que le groupe de gènes du chromosome 3 associé au risque de Covid-19 sévère est en fait un segment génomique d'environ 50 000 nucléotides hérité de Neandertal. Il retrouve ces mêmes variants génétiques dans le génome du néandertalien Vindija âgé de 50 000 ans et originaire de Croatie, et dans les génomes de deux autres néandertaliens découverts dans les montagnes de l'Altaï en Sibérie, dont l'un est vieux de 120 000 ans. En revanche, il ne les retrouve pas dans le génome de l'homme de Denisova.

En mettant à profit les résultats du projet « 1 000 génomes » Svante Pääbo va aller encore plus loin. Dans ce programme, les scientifiques ont séquencé les génomes d'environ 2 000 participants anonymes appartenant à de nombreux groupes ethniques. Ils ont ainsi pu établir la carte détaillée du génome humain moderne et analyser l'éventail de la diversité génétique humaine (les résultats sont consignés dans des bases de données publiques et libres d'accès). Parmi les sujets séquencés, Svante Pääbo constate que les gènes hérités de Neandertal sont presque totalement absents chez les Africains, ce qui correspond au fait que le croisement entre *Homo sapiens* et les néandertaliens s'est déroulé après la sortie du continent africain. Il observe que l'haplotype* majeur de susceptibilité au Covid-19 hérité de Neandertal est présent en Asie du Sud à une fréquence de 30 %, en Europe à 8 %, chez les Américains à 4 % et à des fréquences encore plus basses en Asie de l'Est. La fréquence la plus élevée se trouve au Bangladesh, où plus de la moitié de la population (63 %) porte au moins une copie de l'haplotype néandertalien à risque. De fait, les personnes d'origine bengalie vivant au Royaume-Uni présentent un risque environ deux fois plus élevé de mourir du Covid-19 que la population générale.

Un fragment génétique hérité de Neandertal peut donc contribuer substantiellement au risque de mourir du Covid-19, en s'additionnant aux autres facteurs de risque, notamment l'âge. On ne sait actuellement pas quelle caractéristique de la région génétique transmise par Neandertal confère ce risque ni si ses effets sont spécifiques au SARS-CoV-2, à d'autres coronavirus ou à d'autres agents pathogènes. Quand cette caractéristique fonctionnelle sera comprise, il sera possible de spéculer sur la sensibilité des néandertaliens aux pathogènes. En ce qui concerne la pandémie actuelle, il est clair que le flux génétique des néandertaliens a des conséquences tragiques.

* Un haplotype est un groupe de gènes contigus sur un chromosome.

Jeux de piste

Depuis 2010, les données de la paléogénomique permettent donc une nouvelle lecture de l'histoire de l'humanité. L'homme moderne, *Homo sapiens*, a émergé en Afrique de l'Est il y a entre 190 000 et 350 000 ans, d'après les plus anciens restes découverts. Puis il a entamé sa conquête du monde il y a moins de 100 000 ans.

Le séquençage des génomes de populations différentes, tant ethniques que géographiques, et de nombreux restes fossiles humains a apporté un éclairage nouveau sur les croisements et les filiations. Les populations de néandertaliens et d'hommes modernes étaient interfertiles et se reproduisirent quand elles se croisèrent en dehors de l'Afrique. Résultat ? Toutes les populations humaines non africaines actuelles conservent dans leur génome la trace de ces métissages qui remontent entre 50 000 et 65 000 ans. Les gènes hérités de Neandertal représentent entre 2 et 4 % des génomes européens ou asiatiques. Or ces croisements survinrent plusieurs fois dans l'histoire de l'homme. Ainsi, le séquençage de l'homme de Denisova révèle que les populations mélanésiennes ont dans leur génome jusqu'à 6 % de matériel génétique dénisovien. La paléogénétique a même identifié le fils d'un père dénisovien et d'une mère néandertalienne, suggérant que les mélanges entre populations d'hommes étaient relativement fréquents. Selon la loi darwinienne, ces fragments de matériel génétique ont été conservés dans nos génomes modernes parce qu'ils étaient bénéfiques. Mais l'histoire peut réserver des surprises malheureuses, comme nous l'avons vu avec le gène de susceptibilité aux formes graves de Covid-19. Il est donc possible qu'un gène avantageux hérité pour une bonne raison se retrouve délétère face à un nouveau virus auquel l'homme n'avait jamais été exposé.

L'application de la paléogénomique à des restes archéologiques d'hommes modernes a permis de reconstituer plus précisément l'évolution de l'homme. Il ressort que les populations africaines modernes sont porteuses de la plus grande diversité génétique, ce qui n'est pas étonnant puisque l'Afrique a été le berceau de l'humanité. Les doutes sur la sortie d'Afrique en une ou plusieurs fois sont maintenant levés.

Enfin, et c'est là où elle nous intéresse plus particulièrement, la paléogénomique éclaire la façon dont les populations ont résisté – ou pas – aux fléaux infectieux. Il est établi que l'homme moderne est sorti d'Afrique il y a entre 90 000 et 100 000 ans, bien qu'un squelette plus ancien découvert récemment en Israël ait encore repoussé cette date à environ 350 000 ans. Le peuplement de l'Europe par *Homo sapiens* s'est ensuite déroulé en plusieurs vagues. Une première il y a 46 000 ans, une deuxième après la dernière glaciation il y a 11 000 ans et une dernière plus récente, au Néolithique, quand des populations de fermiers colonisèrent la péninsule Ibérique (il y a 7 000 ans), la Scandinavie et les îles Britanniques (il y a 6 000 ans). Ces trois vagues expliquent la relative diversité génétique en Europe. Le peuplement de l'Asie, lui, s'est fait en deux vagues au moins. La première date de plus de 55 000 ans avec une séparation des populations européennes et asiatiques de l'Est il y a 45 000 ans. Les plus anciennes traces archéologiques en Océanie datent de 50 000 ans. Elles provenaient d'Asie.

Quant aux Amériques, elles ont été colonisées par le détroit de Béring il y a 12 000 à 15 000 ans, peut-être encore plus tôt, par une population restreinte venue de Sibérie. Les hommes se sont ensuite dispersés sur le continent depuis le nord jusqu'à l'extrême sud. La conquête de ces nouveaux territoires a été le fait de petits groupes, d'où une perte de diversité initiale, ce que les généticiens des populations appellent l'effet entonnoir. Ces types de migrations représentent des goulets d'étranglement génétiques et une perte de diversité. Ainsi, le peuplement de l'Amérique il y a plus de 12 000 ans portait en lui les germes de la catastrophe de 1492. Passées par l'étranglement du détroit de Béring, donc bien moins diverses génétiquement et isolées par les océans pendant plus de 25 000 ans, ces populations ont entretenu leur fragilité. Les Amérindiens avaient donc été protégées des maladies infectieuses du Vieux Monde jusqu'au moment de la découverte de l'Amérique par Christophe Colomb.

Les populations d'hominiens (Neandertal et Denisova) qui se sont métissées avec l'homme moderne ont disparu. Leur extinction est-elle liée à une compétition pour les ressources avec l'homme moderne ? un changement environnemental défavorable ? des épidémies ? la famine ? ou encore une dilution génétique par une fertilité déséquilibrée ? On ne sait pas.

Ces populations n'ont pas seulement partagé des morceaux de matériel génétique par brassage sexuel, elles ont aussi pu échanger des virus, comme les virus du papillome humain. Du fait des relations sexuelles attestées entre ces cousins de la branche *Homo*, de nombreux agents pathogènes, bactéries et virus et notre microbiote ont été échangés. Les branches *neanderthalensis* et *denisovensis* ayant disparu il y plus de 30 000 ans, il est très difficile de connaître l'étendue de ces échanges. Mais il est certain que les populations d'homme moderne et de Neandertal ont eu des contacts étroits, puisque nous en gardons encore des traces dans notre génome entre 30 000 et 50 000 ans plus tard.

Les pathogènes et leur passé

Comme le génome humain, les agents pathogènes possèdent aussi un matériel génétique plastique. Ils ont évolué avec l'homme, le suivant dans ses grandes migrations, se mélangeant et s'adaptant. Ils l'ont accompagné d'abord à pied quand il partait à la conquête du globe, puis à dos de cheval ou d'animal de trait quand il voyageait sur les routes de la soie, enfin par bateau quand se développaient les échanges commerciaux par mer, en Méditerranée et sur les océans. Les pathogènes ont traversé l'Atlantique lors de la colonisation des Amériques. Plus tard, les nouveaux moyens de transport – le chemin de fer, l'avion – ont accéléré leur circulation et la diffusion des pandémies.

Depuis une vingtaine d'années, la liste des agents pathogènes anciens découverts sur des restes humains ne cesse de s'allonger. On en retrouve sur tous les supports où les chercheurs ont l'audace de les chercher. Les « paléomicrobiologistes » repoussent les frontières du temps car l'ADN microbien peut « survivre » pendant près de 20 000 ans dans des restes humains, et l'ADN bactérien environnemental se conserve dans les échantillons de permafrost entre 400 000 et 600 000 ans. En 1990, les premiers travaux ont isolé des gènes du bacille de la tuberculose, *M. tuberculosis*, à partir du poumon d'une momie péruvienne précolombienne. Les améliorations techniques ont permis la publication en 2011 du génome complet du bacille de la peste noire médiévale exhumée de plusieurs victimes de la peste d'un cimetière londonien. Les traces d'anciens microbes comme la tuberculose, la lèpre ou la syphilis sont retrouvées dans les os.

Mais le meilleur site de conservation s'est avéré être la miraculeuse pulpe dentaire. À l'intérieur de la dent, la microgoutte de sang qui irrigue la pulpe dentaire se dessèche et l'ivoire de la couronne protège l'ADN des assauts du temps. De nombreux agents infectieux sanguins ont ainsi été isolés, tels que la fameuse peste noire, la fièvre des poux (un cousin du typhus), la salmonellose, le paludisme et d'autres encore, comme le virus de l'hépatite B et le parvovirus B19, un agent du mégalérythème épidémique de l'enfant qui infecte les globules rouges et donne des éruptions cutanées fébriles. Cette liste risque de s'allonger encore, car les chercheurs peuvent utiliser d'autres supports comme les tissus momifiés sur lesquels ont été isolés *Helicobacter pylori*, l'agent de l'ulcère de l'estomac, *M. tuberculosis* le bacille de la tuberculose, le virus de la variole et le virus de l'hépatite B. Ils exploitent aussi des tissus humains conservés dans l'alcool (*Vibrio cholerae*, agent du choléra), des traces de taches de sang (*P. falciparum* et *Plasmodium vivax*, agents du paludisme), des tissus congelés du pergélisol et des échantillons fixés au formol (rougeole, virus du VIH ou de la grippe).

Nul ne doute plus désormais que les maladies infectieuses ont toujours pesé sur l'histoire humaine – encore qu'il soit utile de le rappeler. Nous allons nous attacher au rôle joué par trois d'entre elles : la peste, la variole et l'infection par un pathogène nommé *Helicobacter pylori* qui provoque l'ulcère de l'estomac.

Traces de peste

La peste est déjà mentionnée dans l'Ancien Testament. Les Écritures décrivent un fléau envoyé par Dieu aux Hébreux. Le roi David doit ainsi faire le choix entre subir sept années de famine, trois mois de guerre ou trois jours de peste ; il choisit la peste (Samuel II, 24). Mais l'histoire documentée ne commence qu'au XVIIe siècle. À Marseille, une fosse commune du couvent de l'Observance, au pied de la Vieille Charité, est découverte en 1994 lors de fouilles. Ces charniers datent de la grande peste de 1720, un épisode marquant de l'histoire de la ville phocéenne. Pour autant, ces personnes enterrées là étaient-elles mortes de la peste ? Rien n'était moins sûr.

Le microbiologiste marseillais Michel Drancourt met au point la technique révolutionnaire de la pulpe dentaire en 1998. Il propose alors un audacieux sujet de recherche à Gérard Aboudharam, un étudiant en odontologie qui fait un stage chez lui : tenter d'identifier la présence du bacille de la peste de 1720 dans la pulpe dentaire d'un squelette exhumé des fosses communes de l'Observance. Leurs travaux confirment la présence de séquences d'ADN du bacille, ouvrant la voie à une longue série de travaux impliquant de nombreuses équipes qui aboutira à la reconstruction presque complète de l'histoire de *Yersinia pestis*.

À la fin du XXe siècle, les pionniers de la génétique des bactéries avaient déjà montré la proximité entre *Y. pestis* et *Y. pseudotuberculosis,* deux pathogènes proches cousins partageant près de 97 % de leur génome. Cette parenté avait été validée indirectement par le fait qu'il est possible d'utiliser *Y. pseudotuberculosis* comme « vaccin » protecteur contre la peste (au prix toutefois du greffage de certains gènes de *Y. pestis*).

L'horloge moléculaire a ensuite précisé la date de la divergence entre *Y. pestis* et *Y. pseudotuberculosis* dans une fourchette assez large, oscillant entre 2 600 et 28 000 ans. Les données initiales étaient en effet trop fragmentaires pour comprendre exactement comment un pathogène du tube digestif (*Y. pseudotuberculosis*) moyennement virulent avait pu se transformer en un pathogène transmis par la puce et caractérisé par un cycle complexe hautement virulent qui affecte les poumons de l'homme et des mammifères (*Y. pestis*).

Cette transformation a nécessité la perte de gènes portés par le chromosome d'origine de *Y. pseudotuberculosis* et l'acquisition de deux fragments d'ADN indispensables à la virulence.

Une nouvelle étape a été franchie grâce aux données de séquençage produites par Johannes Krause de l'Institut Max-Planck en Allemagne à partir de victimes londoniennes. Elles ont permis de révéler la séquence complète du génome de la peste de la deuxième pandémie qui ravagea l'Europe au XIVe siècle.

Avec elle, nous remontons le temps. En 1348, monseigneur Ralph Stratford, évêque de Londres, consacra quelques hectares de terre aux innombrables victimes de la peste noire que les cimetières engorgés n'arrivaient plus à accueillir. En moins de deux ans, entre un tiers et la moitié des 40 000 à 100 000 habitants de la ville a succombé. Plusieurs milliers d'entre eux ont été enterrés dans deux cimetières à East et West Smithfield. Au plus fort de l'épidémie, 200 corps y sont ensevelis quotidiennement. Autour de 1980, les fouilles de cette « fosse à peste » ont ainsi exhumé près d'un tiers des 2 400 corps enterrés, certains empilés les uns sur les autres sur cinq niveaux. Les anthropologues ont constaté que, en dépit de l'urgence, on avait pris soin de disposer soigneusement les corps et de les orienter d'est en ouest. Certains étaient allongés sur un lit de charbon de bois, peut-être pour absorber les fluides libérés lors de la putréfaction, et beaucoup étaient accompagnés de pièces de monnaie et des bibelots de leur vie passée. Une telle précaution démontre l'existence d'un système sanitaire primitif qui permettait de limiter la contagion et d'empêcher les cadavres de s'empiler dans les rues. Il offrait également, semble-t-il, à certaines victimes un enterrement chrétien digne de ce nom. Six siècles et demi plus tard, ces précautions ont aussi permis aux scientifiques d'identifier la maladie qui a ravagé l'Europe.

En 2016, poursuivant les recherches de Michel Drancourt, l'équipe de l'Institut Max-Planck effectue le même travail sur les souches de la peste de l'Observance à Marseille. À sa grande surprise, la souche de 1720 est très proche de celle de la deuxième pandémie de 1346 à Londres ! Il existerait donc un réservoir naturel au Proche-Orient qui a contaminé deux fois l'Europe, à moins que ce réservoir naturel se soit maintenu en Europe. Dans ce cas, le *Grand Saint-Antoine*, un navire arrivé à Marseille en provenance du Levant et qu'on soupçonnait d'avoir introduit la maladie, serait hors de cause.

Il a été possible de remonter encore plus loin que le XIVe siècle. Des données de séquençage de squelettes plus anciens permettent désormais de reconstituer l'émergence de *Y. pestis* et son évolution. Dès l'âge du bronze, il y a 5 700 ans, la peste était déjà endémique en Eurasie mais le bacille était moins pathogène – cette souche de peste n'était pas transmise par la puce car il lui manquait un gène de virulence. Déjà présente dans les agglomérations du Néolithique tardif, elle a suivi les premières routes du commerce qui se mettaient en place entre les agglomérations de l'époque. La génétique permet de reconstituer son évolution, au cours de laquelle le bacille acquiert la capacité de se transmettre par la puce, aux alentours de 3 800 ans. Elle pourrait expliquer le déclin de ces premières civilisations.

L'énigme de la variole

La variole reste un virus mystérieux dont ne sait pas dater l'origine. On n'en sait pas davantage sur son proche cousin, le virus de la vaccine à la base du premier vaccin. Le premier grand personnage connu pour avoir contracté la variole serait Ramsès V, le pharaon égyptien, il y a environ 5 000 ans. Sa momie porte des traces de séquelles cutanées. En réalité, les données de séquençage du virus n'ont pas réussi à certifier sa présence avant le XVIIe siècle. Les méthodes de datation génétique fonctionnent bien si les scientifiques disposent de séquences de pathogènes assez anciens. Or la plus vieille séquence disponible jusqu'à récemment datait d'il y a « seulement » 360 ans. Mais la découverte de 13 squelettes scandinaves de l'époque viking a permis de reconstituer des séquences de virus de la variole issus de plusieurs sites. Ces données repoussent la naissance de ce virus de plus de 1 000 ans. Elles suggèrent aussi qu'un ancêtre commun circulait il y a plus de 1 700 ans, porteur de délétions génétiques évoquant un virus moins virulent. Que faut-il en conclure ? Plusieurs virus de la variole circulaient-ils dans différentes aires géographiques ? Ce virus ancien était-il moins pathogène ? Comment une forme plus virulente est-elle apparue ?

Histoires d'ulcère et de migrations

Napoléon Ier, dont on connaît la posture, la main sur l'estomac, souffrait d'un ulcère. Mais, à part contrarier l'empereur sur les champs de bataille, la bactérie *Helicobacter pylori* n'a pas joué de rôle majeur dans l'histoire. Elle n'a pas non plus été la cause d'une pandémie mortelle. Si ce pathogène nous intéresse, c'est parce que l'histoire de l'humanité est inscrite dans ses gènes.

La première surprise remonte à la fin du XXe siècle, quand cette bactérie de grande pertinence clinique a été découverte. En fait, elle avait déjà été trouvée plus tôt, au début de la microbiologie, mais elle était difficile à cultiver et on l'avait oubliée, probablement parce que les microbiologistes étaient déjà bien occupés à étudier les bactéries facilement cultivables. Plus tard, elle a été victime de la croyance que l'estomac était un organe stérile, c'est-à-dire qu'aucune bactérie ne pouvait se développer dans un environnement aussi acide. De nombreux observateurs pensaient donc que les bactéries trouvées dans l'estomac étaient en transit depuis la cavité buccale plutôt que résidentes de la cavité gastrique. En réalité, la moitié de la population mondiale est porteuse de ce petit germe, mais moins de 10 % des porteurs développent un ulcère d'estomac, voire un carcinome gastrique. *H. pylori* se transmet surtout à l'intérieur du cercle familial. L'association avec l'homme a depuis longtemps été si étroite que ce pathogène ne peut plus vivre en dehors de son hôte. La médecine permet désormais de traiter l'ulcère gastroduodénal par une antibiothérapie de dix à quatorze jours et de prévenir la complication mortelle du cancer gastrique.

Le plus intéressant a été de découvrir comment les migrations humaines sont inscrites dans l'ADN de la bactérie. La paléomicrobiologie a contribué à reconstituer cette aventure extraordinaire. Comme tous les êtres vivants, *H. pylori* s'est diversifié avec le temps. Son ADN est donc devenu un marqueur de distribution géographique. *H. pylori* a accompagné la migration de l'homme hors d'Afrique, et cette bactérie, associée à son hôte depuis au moins 100 000 ans, permet une étude très précise de l'expansion humaine.

En 1991, on avait découvert Ötzi, un homme décédé il y a 5 200 ans, miraculeusement conservé dans les entrailles d'un glacier du Tyrol. Son existence a été révélée par la fonte importante du glacier. Ce chasseur semble avoir été tué lors d'un combat par une pointe de flèche retrouvée dans son épaule. Dans son estomac, prélevé pour étudier son alimentation, on a retrouvé l'ADN d'*Helicobacter pylori*. Son séquençage a permis de confirmer la séparation entre les branches européenne et asiatique de cette bactérie, vieille intime de l'homme.

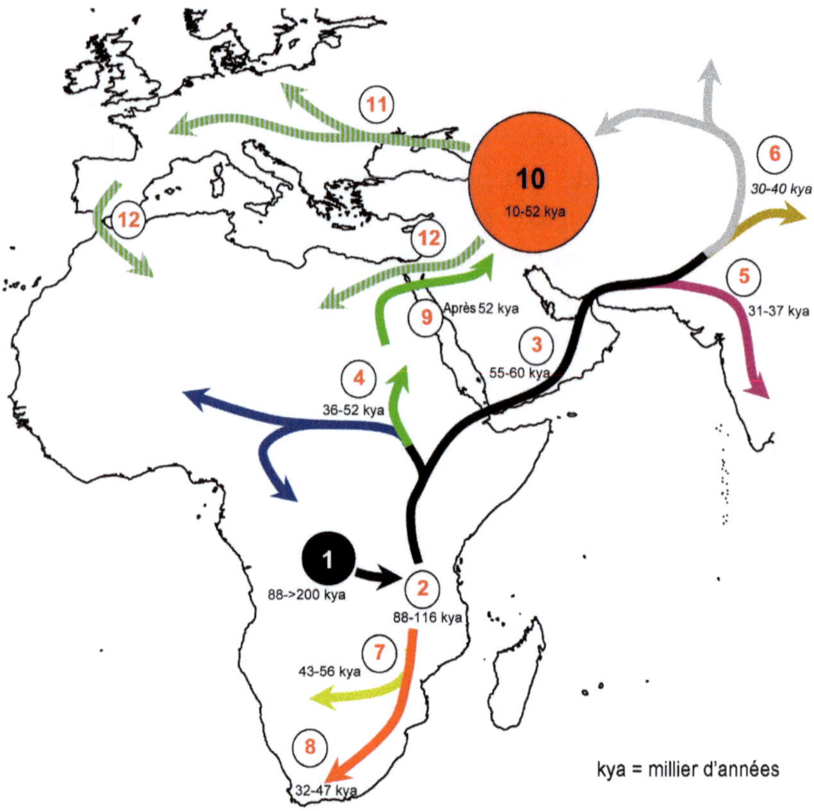

Figure 1. Carte des migrations humaines reconstituée à partir de l'analyse du génome d'*Helicobacter pylori* (source Moodley Y. *et al.*, 2012). La séquence des événements est la suivante : 1) acquisition initiale de *H. pylori* par un ancêtre humain ; 2) divergence de *H. pylori* en deux superlignées ; 3) première migration d'hommes modernes hors d'Afrique par la route du sud ; 4) divergence de *H. pylori* avec migration vers l'est et vers l'ouest ; 5) et 6) divergence de *H. pylori* hors d'Afrique ; 7) l'hôte saute vers de grands félins donnant naissance à *H. acinonychis* ; 8) migration vers le sud portant l'ancêtre du génome africain ; 9) deuxième migration réussie hors de l'Afrique *via* le Levant ; 10) l'hybridation de deux génomes aboutissent à la bactérie hpEurope ; 11) propagation de la bactérie hpEurope en Europe ; 12) la migration en provenance du Proche-Orient et d'Espagne se répand en Afrique du Nord. Les dates en gris sont des estimations.

CHAPITRE 4

La sédentarisation, berceau des grands fléaux

La révolution agraire du Néolithique, qui fait du chasseur-cueilleur un agriculteur, a bouleversé l'histoire humaine : elle a mis à la disposition des hommes des ressources alimentaires plus abondantes et plus sûres, elle a permis à la population mondiale de croître, de s'organiser et de se spécialiser. Cette expansion démographique fut spectaculaire. À l'aube de la révolution agraire il y a 10 000 ans, la planète comptait 8 millions d'individus. En 1800, ils étaient 1 milliard. Mais les changements de mode de vie ont aussi profité aux maladies infectieuses.

L'enfer de la grande ville

La sédentarisation au Néolithique, avec l'apparition de l'agriculture et de l'élevage, s'épanouit simultanément dans au moins neuf endroits de la planète. Le Croissant fertile, en Eurasie, fut l'un de ces berceaux. De cette région sont originaires de nombreuses espèces domestiquées, animales (bovins, ovins, caprins, porcins) et végétales (blé, orge et pois) encore largement utilisées.

Ce nouvel âge a également été décisif à l'échelle microbienne. En modifiant notre alimentation, la révolution agraire a eu des effets sur notre génome relativement plastique. Le fait que l'homme se mette à boire du lait de vache ou de brebis, une boisson inhabituelle auparavant, a induit la sélection dans les populations européennes des individus capables d'exprimer* à l'âge adulte l'enzyme nommée « lactase ». Cette enzyme dégrade le lactose en glucose et en galactose, deux sucres facilement assimilables, et permet donc une meilleure utilisation énergétique du lait et de ses produits dérivés (fromages, yaourt, beurre). Elle est présente naturellement chez l'homme jusqu'à l'âge du sevrage. Dans certaines populations, une mutation dans la région promotrice du gène codant pour la lactase permet son expression jusqu'à l'âge adulte. Or les porteurs de cette mutation devinrent très fréquents en Europe après la naissance de l'agriculture.

Le prix de la domestication animale

Mais la révolution agricole, comme tout progrès technologique, a eu son revers. En devenant agriculteurs, les hommes ont vécu dans une plus grande proximité avec les animaux, partageant souvent avec eux le même toit. Ils ont échangé leurs microbes. En langage savant, on parle de zoonoses. Les pathogènes du bétail évoluèrent pour s'adapter aux hommes. Ainsi apparurent et s'adaptèrent des maladies aussi diverses que la rougeole, causée par un virus très proche génétiquement du virus de la peste bovine qui infecte les bovins sauvages et domestiques, ou la grippe, dont la myriade de virus est partagée avec

* En termes biologiques, « exprimer » signifie qu'un gène est transformé en une protéine qui va réaliser l'activité biologique codée dans le gène.

les canards et les porcs. L'analyse génétique d'un virus de la rougeole qui avait tué une petite fille de 2 ans en 1912, et dont les poumons avaient été conservés dans le formol à l'hôpital de la Charité à Berlin, a permis de dater son émergence autour de 528 avant notre ère. Au début des années 1960, juste avant la découverte du vaccin, la maladie touchait 135 millions de personnes et causait la mort de 6 millions d'enfants par an. Quelle ironie ! Une maladie qui tuait encore beaucoup jusqu'en 2000 provient de la vache, dont nous tirons actuellement une grande part de nos calories animales.

L'élevage, notamment bovin, a eu aussi des répercussions importantes sur la vie animale. Il a entraîné l'extinction en masse d'autres espèces dites sauvages, bouleversant le monde dans des proportions inédites. L'historien Yuval Noah Harari a fait les comptes : « Près de 200 000 loups sauvages écument encore la planète, contre plus de 400 millions de chiens domestiques. Le monde compte 40 000 lions contre 600 millions de chats domestiques ; 900 000 buffles africains contre 1,5 milliard de vaches ; 50 millions de pingouins et 20 milliards de poulets ».

Quand nos ancêtres chasseurs-cueilleurs parcouraient encore la savane africaine en petits groupes nomades, ils étaient peu nombreux et vivaient dispersés. Cet état de fait limitait les contagions. Mais la sédentarisation puis l'urbanisation ont créé les conditions favorables au développement des microbes. Les villes, par principe, concentrent une large population dont une frange importante et constante de jeunes enfants « naïfs » est constamment renouvelée. Elles constituent d'immenses « réservoirs » permettant aux maladies de trouver en permanence un terreau favorable et *in fine* de survivre.

À ce titre, la vie dans la cité n'a pas amélioré les conditions de vie. Les riches Romains gravaient les dates de naissance et de mort des défunts sur les tombes, ce qui a permis de reconstituer l'espérance de vie au Ier siècle de notre ère à Rome et dans certaines provinces romaines extérieures, en Espagne, au Portugal et à Carthage en Afrique du Nord. Ainsi, en 1913, l'historien américain W. R. McDonnell a montré que la mortalité à Rome était effroyable, l'espérance de vie à la naissance ne dépassant pas 20 ans. Rome se maintenait sous perfusion d'une population rurale migrante jeune et vigoureuse. Ce fut d'ailleurs le cas de toutes les grandes villes jusqu'à la fin du XVIIIe siècle.

La survie du virus de la rougeole dépend de la taille du « réservoir » démographique, comme en témoignent des données épidémiologiques observées dans les îles Féroé. En 1781, le virus arriva sur ces îles et dévasta leur population avant de disparaître. En 1846, un charpentier malade, débarquant d'un navire danois, le réintroduisit. En moins de trois mois, la quasi-totalité des insulaires (7 782 âmes) contracta la rougeole, puis le virus disparut à nouveau du fait de leur petit nombre. Des études ultérieures ont montré que le virus de la rougeole ne peut se maintenir que si la population est au moins supérieure à 500 000 personnes.

De fait, d'après les données de phylogénétique, le virus de la rougeole émerge probablement vers 600 avant notre ère, quand les populations humaines acquièrent une taille critique et qu'elles se concentrent dans des villes importantes. À cette période, les cités en Mésopotamie commencent à dépasser 500 000 habitants.

De nos jours, à l'inverse, on ne retrouve pas trace du virus de la rougeole dans des tribus amazoniennes isolées de petite taille (de moins 900 personnes) au contraire d'autres virus (virus de l'herpès, cytomégalovirus, virus d'Epstein-Barr).

On distingue donc deux grands types d'infections : les infections de masse, plus virulentes, qui nécessitent une large population pour survivre, et les infections chroniques qui s'infiltrent et subsistent dans des communautés de taille plus modeste.

Le péril fécal

D'autres virus que la rougeole ont prospéré sur le terreau des grandes villes. Au XIXe siècle le choléra sévit en Europe. Les grandes métropoles européennes ne gèrent pas leurs eaux usées. L'anarchie règne dans les rues, les déchets sont ramassés et triés par les chiffonniers, les citadins se plaignent de vivre dans une atmosphère pestilentielle. Il faut attendre la fin du siècle pour que la diffusion de l'hygiénisme, la construction de réseaux d'égouts et d'assainissement débarrassent la ville de ces désagréments et la délivrent du fléau des maladies liées aux eaux souillées.

À Paris, le préfet Haussmann trace à la hache de grandes artères et dessine les contours d'une ville moderne en rasant des quartiers insalubres. 18 000 maisons sont démolies entre 1852 et 1868. Les petits affluents de la Seine, comme la Bièvre, sont définitivement transformés en égout et couverts, au moins dans Paris intra-muros. En 1884, le préfet Eugène Poubelle impose la collecte des ordures. Le Parisien, impertinent par nature, ironise sur cette entreprise en baptisant le bac à ordure réglementaire du nom de son autoritaire inventeur. Le mot entra ainsi dans le langage courant, et la mémoire du préfet de la Seine Poubelle passa définitivement à la postérité.

La maladie de la misère

La vache est à l'origine de la rougeole. On l'a aussi accusée d'avoir transmis à l'homme la tuberculose. À tort. Certes, elle est infectée par une bactérie cousine, *Mycobacterium bovis,* celle-là même dont Calmette et Guérin se sont servis pour construire le vaccin contre la tuberculose, le fameux BCG. Mais les analyses de génome ont montré que, même si *M. bovis* et *M. tuberculosis* partagent plus de 99,95 % de séquences communes, le génome de *M. bovis* est légèrement plus petit, avec de longues séquences manquantes. Il est désormais admis que *M. bovis* et *M. tuberculosis* sont des proches cousins descendant du même ancêtre, mais que leur séparation en deux espèces s'est faite bien avant la révolution agraire du Néolithique. Les données de génétique évolutive de *M. tuberculosis* concordent. Le bacille de la tuberculose a accompagné l'homme quand il est apparu en Afrique puis quand il en est sorti et il s'est adapté à lui bien avant la révolution de l'agriculture. La vache est en effet hors de cause.

Pendant des siècles, la tuberculose a frappé sans pitié. En deux cents ans, elle a liquidé plus de 1 milliard d'habitants de la vieille Europe, détenant le triste record de la plus grande tueuse sur la durée. Certains auteurs ont rapporté un taux de mortalité de 20 % (soit 1 adulte sur 5) dans les pays industrialisés, entre le XVIIe siècle et le XIXe. Les ravages de la maladie sont décrits avec flamboyance et moult détails dans l'œuvre d'Émile Zola et dans le magnifique livre du prix Nobel de littérature Thomas Mann, *La Montagne magique*. À l'époque, ils font peur. Il faut se rappeler que la plupart des maladies infectieuses restaient alors inexpliquées. Le bacille à l'origine de la tuberculose ne fut découvert par Robert Koch qu'en 1882. Les hypothèses les plus folles circulaient donc sur l'origine de ce qu'on appelait phtisie ou consomption. Elle était le mal de la mélancolie, celui qui emporta Frédéric Chopin et Anton Tchekhov.

La tuberculose, étroitement liée à la misère, a fini par devenir synonyme de la condition ouvrière. Dans une étude publiée en 1976, la distribution des cas de tuberculose dans l'État de

New York se faisait selon un gradient décroissant en fonction de la catégorie socioprofessionnelle.

D'une manière générale, la santé reste corrélée au milieu social. En 2020, l'espérance de vie en France dépend encore largement du niveau socio-économique. Un Français de 35 ans – en admettant qu'il ait été toute sa vie soumis aux conditions de mortalité de la période 2000-2008 – a 13 % de risque de mourir avant l'âge de 60 ans s'il est ouvrier, contre 6 % s'il est cadre. Pour une Française, le différentiel de risque est plus faible : 5 % contre 3 %. Il existe ainsi une inégalité sociale face à la mort. À 45 ans, un ouvrier français a 2,5 fois plus de risque qu'un cadre de mourir dans l'année.

Revenons à la tuberculose, qui reste un problème majeur de santé publique. Selon l'OMS, en 2019, 1,7 milliard de personnes

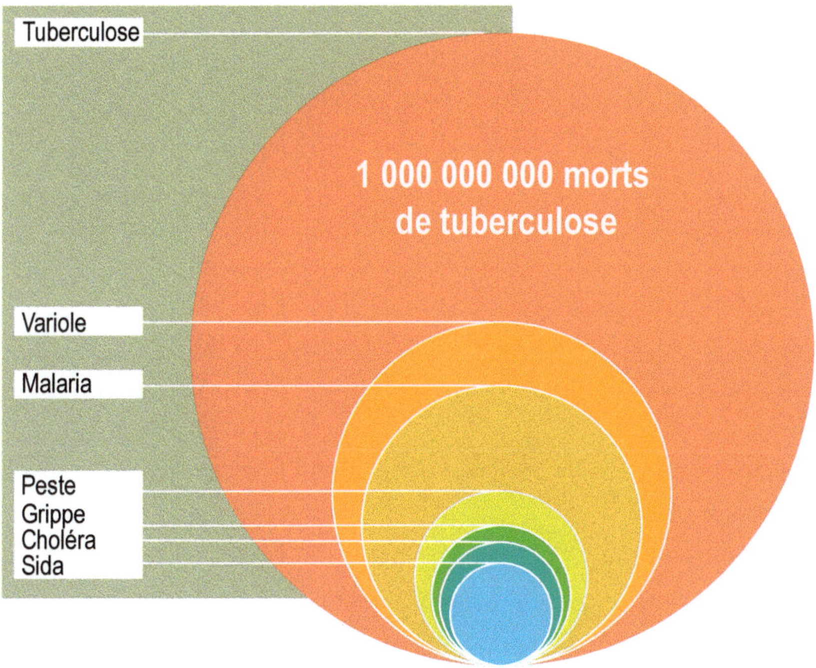

Figure 2. Poids comparé de la mortalité des principales maladies infectieuses depuis 1800 (d'après Paulson, 2013).

y ont été exposées. Des dizaines de millions ont été infectées et plus de 1,3 million en sont mortes. Elle est donc la maladie infectieuse la plus meurtrière et l'une des dix premières causes de mortalité dans le monde.

La charge de la tuberculose est répartie de manière très hétérogène sur la planète. Au XXe siècle, la maladie recule dans les pays développés, du fait surtout de l'amélioration des conditions générales de vie et d'alimentation. L'infection pulmonaire cible les pays les plus pauvres. Par exemple, l'incidence de la tuberculose est plus de 250 fois plus élevée en Afrique du Sud (834 cas sur 100 000) qu'aux États-Unis (3 cas pour 100 000 habitants par an). Au XXe siècle, l'épidémiologie de cette maladie reste donc intimement liée à la misère, comme elle l'était au XIXe.

CHAPITRE 5

Infections, génétique et sélection naturelle

Les maladies infectieuses ont été des facteurs essentiels de sélection naturelle des populations humaines. Elles ont constitué une contrainte majeure qui n'a cessé de façonner l'homme moderne depuis ses origines. Les multiples composants du système immunitaire en charge de la résistance aux maladies infectieuses sont inscrits dans notre génome. La pression des maladies infectieuses et des nombreux microbes agit selon le principe de la sélection naturelle au cours des générations et les mutations favorables sont conservées.

Le fardeau infectieux

Dès son apparition en Afrique, il y a environ 300 000 ans, *Homo sapiens* a constamment vécu dans la précarité. Son espérance de vie moyenne a longtemps tourné autour de 25 ans et n'a évolué qu'à partir de 1750, soit très tardivement dans l'histoire de l'humanité. Au XVIIIe siècle, celle des femmes de l'aristocratie (dont la vie était relativement protégée en dépit des grossesses à répétition) décolla la première. Puis l'espérance de vie de toutes les couches sociales des pays développés suivit, un siècle plus tard.

Ces progrès furent liés aux découvertes de la microbiologie, de la vaccination et aux améliorations de l'hygiène et de l'assainissement, autant de facteurs qui firent reculer les maladies infectieuses. Au XXe siècle, l'espérance de vie a augmenté de façon explosive malgré plusieurs conflits mondiaux, grâce à de meilleures conditions de vie et une alimentation plus saine. La population a fait sa transition démographique, passant d'un ancien régime à forte mortalité compensée par une natalité soutenue à un régime moderne où la mortalité a tellement reculé qu'il suffit de deux enfants par couple pour assurer le renouvellement des générations. En particulier, la levée de la « pression infectieuse » a eu un effet continu sur la courbe de l'espérance de vie en France. Elle semble toutefois se rapprocher de son asymptote naturelle avec des moyennes de 79,5 ans pour les hommes et de 85,4 ans pour les femmes en 2018, d'après l'Institut national d'études démographiques.

Pendant près de 200 000 ans et jusqu'au début du XXe siècle, les maladies infectieuses ont donc constitué la principale cause de pression de sélection évolutive des populations humaines. Mais au XXe siècle, cette pression s'est progressivement desserrée dans les pays riches avec la vaccination et l'utilisation des antibiotiques.

La théorie de Darwin

Le monde vivant est dynamique, mais ses imperceptibles modifications sont longtemps restées méconnues, voire niées. En 1859, le naturaliste anglais Charles Darwin osa théoriser une évolution des espèces, non sans difficultés et controverses.

Ses idées étaient par trop incompatibles avec la cosmogonie des grands monothéismes. Darwin avait compris l'effet antagoniste de deux mécanismes : l'apparition naturelle de variations entre les individus et la sélection naturelle des plus aptes. Il défendait le principe que des variations (dont le support génétique ne fut compris que bien plus tard) surviennent par hasard, du fait du brassage lié à la reproduction sexuée. Parmi ces variants, seuls les plus aptes peuvent survivre et transmettre leurs caractéristiques. Sa loi de la sélection naturelle pose que les traits qui favorisent la survie et la reproduction dans un milieu donné voient leur fréquence s'accroître d'une génération à l'autre.

Cette théorie, audacieuse pour l'époque, est née dans l'esprit de Charles Darwin au cours du voyage qu'il fit à bord du navire océanographique *HMS Beagle* entre le 27 décembre 1831 et le 2 octobre 1836. Le but initial de l'expédition était de réaliser la cartographie des côtes de l'Amérique du Sud en deux ans. Le *Beagle* traversa l'océan Atlantique jusqu'au Brésil puis cabota le long des côtes de l'Amérique du Sud. Il poursuivit sa route vers l'ouest, *via* Tahiti et l'Australie, et finit par boucler le tour du monde. L'aventure dure presque cinq ans. Lors d'un détour par les îles Galápagos, Darwin observe les fameux « pinsons » sur lesquels il va fonder plus tard sa théorie de l'évolution. Ce n'est qu'après son retour et à la suite de nombreux échanges scientifiques qu'il réalise l'intérêt de ses observations pour comprendre comment les espèces apparaissent et évoluent par sélection naturelle.

À Londres, Darwin comprend que parmi les caractéristiques morphologiques des pinsons, la forme du bec est liée au régime alimentaire de chaque espèce, qui lui-même dépend de la nourriture présente sur chaque île. Le fin bec permet de se nourrir de la chair et des fleurs des cactus, alors que le gros bec permet de casser des graines dures. Le bec pointu et étroit, lui, est adapté aux insectivores. Chaque espèce occupant une île différente, Darwin conclut que l'isolement géographique a mené à la formation d'espèces distinctes à partir d'ancêtres communs.

Le génie de Charles Darwin est d'identifier non seulement le phénomène, mais aussi ses causes : « La sélection naturelle recherche à chaque instant et dans le monde entier les variations les plus légères ; elle repousse celles qui sont nuisibles, elle conserve et accumule celles qui sont utiles ».

Différentes formes de sélection peuvent survenir selon que les mutations génétiques sont délétères, bénéfiques ou neutres. La sélection négative, qui élimine les variations délétères pour la santé, est la plus répandue à travers le génome. À l'inverse, l'adaptation a lieu si la mutation présente un avantage sélectif. Il s'agit d'une sélection positive qui augmente au cours du temps la fréquence d'un gène muté. Enfin, si la mutation n'a aucun effet, la sélection est neutre, c'est-à-dire que sa fréquence dans une population varie aléatoirement au cours du temps.

D'emblée, l'application à l'homme de la théorie de l'évolution s'est heurtée à des conflits théologiques brutaux, car elle remettait en cause le dogme de la Genèse et la création de l'homme par Dieu. Il a fallu attendre de nouveaux outils scientifiques au début du XXIe siècle pour commencer à comprendre comment la sélection naturelle opérait pour l'espèce humaine.

La sélection des gènes protecteurs

L'effet du poids sélectif des maladies infectieuses sur l'homme a été théorisé dans les populations d'Afrique de l'Ouest au milieu du XXe siècle. Une caractéristique génétique liée à une maladie grave – la drépanocytose – les rendait résistantes au paludisme. Le paludisme est la maladie infectieuse de tous les superlatifs. Selon l'OMS, elle a tué 400 000 personnes en 2019. Le réservoir de la maladie est immense : plus de la moitié de la population mondiale vit sous les tropiques, là où prospèrent les moustiques *Anopheles* qui transmettent l'infection. Cette dangereuse maladie épargne les pays riches et il n'existe ni vaccin ni traitement. L'agent du paludisme infecte l'homme en deux temps : d'abord dans le foie, puis dans les globules rouges du sang, ces petites cellules qui transportent l'oxygène des poumons aux autres organes.

C'est en travaillant sur le paludisme qu'un généticien sud-africain, Anthony Clifford Allison, découvrit les liens qu'il y avait entre cette maladie présente en Afrique intertropicale, dans la péninsule Arabique, en Inde, avec une autre maladie, la drépanocytose, causée par une anomalie génétique. La drépanocytose affecte l'hémoglobine, le pigment contenant du fer en charge du transport de l'oxygène dans les globules rouges. Cette maladie génétique mortelle est la plus fréquente au monde. En 2010, plus de 300 000 nouveau-nés étaient affectés. Elle porte aussi le nom d'anémie « falciforme » car elle déforme les globules rouges, qui prennent alors l'aspect d'une faucille. La mutation d'une seule base sur le gène qui code pour l'hémoglobine induit la production d'une forme anormale de l'hémoglobine, nommée hémoglobine S*. Les globules rouges falciformes ont tendance à s'agréger et à boucher les capillaires. Il en résulte un manque de globules rouges et des crises occlusives dans tous les organes, ainsi qu'une susceptibilité accrue aux infections. L'espérance de vie spontanée des malades est de quatre à cinq ans, bien que les thérapeutiques permettent aux plus chanceux dans les pays développés de vivre au-delà de 40 ans. En 2015, la drépanocytose a tué plus de 115 000 personnes, principalement en Afrique subsaharienne. La maladie est transmise de manière récessive : quand une personne est porteuse d'un seul gène muté (celui de son père ou de sa mère), elle est asymptomatique. Si les deux versions du gène sont mutées, la maladie se développe. Anthony

* S pour *sickle*, « faucille » en anglais, car la drépanocytose s'appelle *sickle cell disease* en anglais.

Clifford Allison a compris que les enfants asymptomatiques porteurs d'un seul gène muté étaient aussi protégés du paludisme, alors que les enfants sains ne l'étaient pas. Ainsi, une maladie génétique transmise héréditairement permet d'acquérir la résistance à une maladie infectieuse. Ici, c'est très logique car la maladie génétique touche les globules rouges qui sont la cible de l'infection par le parasite responsable du paludisme.

Les maladies génétiques liées à un seul gène et qui induisent une pathologie mortelle dans l'enfance ont tendance à être éliminées spontanément par la sélection naturelle car ces enfants ne se reproduisent pas. Dans le cas de la drépanocytose, l'anomalie génétique est bénéfique dans les zones impaludées, elle est donc conservée et transmise par l'hérédité. Il y a une « pression de sélection » positive exercée par le paludisme qui favorise l'anomalie génétique et fait grimper sa fréquence à plus de 20 % dans des populations africaines exposées au paludisme.

Les populations sous la pression des infections

La France a la chance d'avoir une grande école de génétique humaine fondée par le prix Nobel de médecine Jean Dausset. Il fut l'un des pionniers de la diversité génétique des populations humaines, en découvrant en 1958 les gènes du complexe HLA (*human leukocyte antigen*), une des « régions » du génome les plus variables génétiquement. La combinaison des gènes du complexe HLA forme le code-barres unique et précieux de chaque être humain. Cette association de gènes est le support de la barrière biologique qui interdisait toute greffe d'organes jusqu'à la découverte récente des traitements immunosuppresseurs.

Le polymorphisme du système HLA explique en partie pourquoi nous ne sommes pas touchés de la même manière par les infections. En clair, la réaction de l'homme aux maladies infectieuses dépend en partie de son patrimoine génétique. Mais à l'inverse, les maladies infectieuses ont aussi façonné le génome humain.

La première séquence du génome humain a été publiée en 2001. Ce travail a nécessité la coopération de milliers de laboratoires pendant près de vingt ans et coûté plus de 3 milliards d'euros ! Pour des raisons techniques, ce premier génome séquencé n'était pas celui d'un seul homme, mais un assemblage hétéroclite de plusieurs dizaines d'entre eux. Chaque laboratoire avait travaillé sur le séquençage d'un fragment de génome, autrement dit d'un morceau de chromosome, et le résultat rassemblait le patchwork. Puis les techniques ont progressé et les coûts se sont effondrés. Deux premiers génomes individuels ont été séquencés presque simultanément. Il s'agissait de ceux de deux chercheurs célèbres tant pour leur participation à l'aventure de la génomique que pour leurs frasques : James Watson, le découvreur de la structure de l'ADN, et Craig Venter, l'inventeur des méthodes de séquençage du génome humain rapide. De nouveaux bonds technologiques vont permettre ensuite le séquençage de centaines d'individus, comme dans le projet « 1 000 génomes ». Le voile se lève donc progressivement sur la diversité génétique des populations humaines. La paléogénomique apporte une perspective historique. L'évolution de l'homme peut enfin être étudiée « sur le vif », en comparant les branches éteintes, les squelettes exhumés des sites archéologiques et les populations humaines actuelles.

Le séquençage à haut débit des génomes a permis d'analyser la signature génétique des maladies infectieuses. La conclusion est indiscutable : la pression des maladies infectieuses sur les populations humaines a été un des plus forts facteurs de sélection au cours de l'évolution.

Ainsi, l'infection par des vers parasites de l'homme, les helminthes, a contraint nos gènes codant pour les cytokines, ces molécules de communication du système immunitaire, et conditionné notre susceptibilité aux maladies auto-immunes. D'une manière générale, les maladies infectieuses ont induit une vigoureuse diversité du complexe HLA et des gènes codant pour les cytokines.

Grâce au séquençage du génome des hommes préhistoriques, on sait maintenant qu'en se métissant avec l'homme moderne, *Homo neanderthalensis* lui a légué un certain pourcentage de gènes. Cet apport représente environ 2 % de notre génome alors qu'il représentait jusqu'à 6 % du génome de l'homme de l'âge de glace. La réduction entre l'homme de glace et l'homme moderne ne s'est pas faite de manière aléatoire. Ces gènes archaïques nous permettent de mieux combattre les virus, notamment les infections par les virus à ARN.

Des mutations génétiques bénéfiques

LE BLOCAGE DE L'ENTRÉE DU PATHOGÈNE

Outre la drépanocytose déjà évoquée, d'autres mutations protègent contre certaines infections en empêchant l'entrée des pathogènes dans les cellules de l'hôte. Ils utilisent en effet une ou plusieurs portes d'entrée, à savoir des protéines localisées sur la membrane externe des cellules, comme une clé dans une serrure. Si une mutation fait disparaître la serrure, le virus ne peut plus entrer dans la cellule. Par exemple, la majorité des populations noires subsahariennes sont dépourvues de l'antigène Duffy, un marqueur de groupe sanguin utilisé aussi comme récepteur d'entrée dans les globules rouges par *Plasmodium vivax*, un des agents du paludisme. Les globules rouges ne pouvant pas être infectés, le cycle sanguin du paludisme est bloqué. La perte de cet antigène explique en partie pourquoi le paludisme à *P. vivax* est absent en Afrique subsaharienne. Le paludisme exerce une telle pression de sélection sur les populations que plusieurs mutations ont été retenues qui confèrent une protection contre cette maladie.

De la même manière, on a observé depuis les années 1990 que certaines personnes étaient résistantes à l'infection par le virus du sida, malgré une très forte exposition au virus. On se souvient du fameux patient « Berlin » infecté par le VIH-1, qui a été guéri par une greffe de moelle osseuse administrée pour traiter une leucémie aiguë. Le donneur de la greffe était porteur d'une mutation sur un gène codant pour le récepteur d'une chimiokine*, et qui se trouve être un récepteur de l'infection par le VIH. La greffe de moelle osseuse a permis de reconstituer intégralement les cellules du système immunitaire du patient, donc également les lymphocytes T CD4 qui sont le siège de l'infection par le VIH. Ainsi, après sa greffe, le patient Berlin avait perdu toutes ses cellules cibles du VIH et les nouvelles cellules acquises du donneur étaient résistantes à l'infection du fait de l'absence de la « serrure » d'entrée du virus. Le patient de Berlin a été doublement guéri de sa leucémie aiguë et de son infection par le VIH !

Mais le virus VIH est très récent. Il a émergé il y a moins de 100 ans en Afrique et n'est devenu pandémique qu'il y a une quarantaine d'années. Il n'a pas encore eu le temps de peser en termes d'avantage sélectif pour fixer cette mutation dans les

* Les chimiokines sont des protéines qui contrôlent la migration des cellules immunitaires. Si le virus avait pu peser en termes d'avantage sélectif, la fréquence de sa mutation dans la population générale aurait fortement augmenté...

populations humaines exposées au sida. Cette mutation serait apparue il y a 2 000 à 3 000 ans et aurait fait l'objet d'une sélection positive, puisqu'elle est présente à plus de 10 % dans les populations européennes, mais les causes exactes de son maintien restent inconnues.

LA RÉSISTANCE DU SYSTÈME IMMUNITAIRE

Les mutations touchant son système immunitaire peuvent aussi favoriser une meilleure réponse et une meilleure survie de l'hôte. Ainsi, certaines d'entre elles sont impliquées dans la résistance au virus de l'hépatite C car elles renforcent spécifiquement l'immunité contre cette infection. L'hépatite C est une maladie du foie causée par un virus transmis par le sang et la voie sexuelle. Selon l'OMS, environ 400 000 personnes sont mortes d'une hépatite C en 2016, le plus souvent des suites d'une cirrhose ou d'un cancer du foie. Une étude a montré qu'une mutation sur le gène d'une cytokine, une protéine de communication du système immunitaire dénommée interleukine 28B, est fortement associée à la résistance à l'infection et l'élimination du virus. Bien qu'il existe maintenant des traitements antiviraux qui permettent de guérir plus de 95 % des personnes infectées par ce virus, l'accès au diagnostic et au traitement reste limité dans le monde.

Certaines mutations ont donc été sélectionnées par l'évolution parce qu'elles renforçaient la résistance aux infections. L'explication est logique : dans une population polymorphique, les personnes qui succombaient jeunes à une maladie infectieuse ne se reproduisaient pas et ne transmettaient donc pas leurs gènes, tandis que les personnes résistantes grâce à des mutations par ailleurs inapparentes se multipliaient plus facilement. Si ces mutations sont silencieuses, sans effet détectable, on ne peut pas les identifier. En revanche, quand elles se manifestent, on peut les identifier et alors comprendre leur rôle dans la résistance aux maladies infectieuses.

Ainsi, il existe une maladie génétique dénommée maladie périodique ou fièvre familiale méditerranéenne qui se caractérise par des épisodes de fièvre récurrente accompagnés d'épanchement dans les articulations ou l'abdomen. En plus de douleurs abdominales, à la poitrine, dans les articulations et les muscles, la maladie chronique peut se compliquer par une insuffisance rénale. Elle avait été identifiée aux États-Unis en 1908 chez une adolescente de 16 ans d'origine juive. Il s'agit d'une maladie génétique autosomique récessive, c'est-à-dire que le gène impliqué est porté par un chromosome non sexuel (ni X ni Y) et que la présence des deux gènes mutés provenant de la mère et du père est nécessaire pour que la maladie survienne. Le séquençage du génome a permis de comprendre plus d'un siècle après que cette mutation avait été retenue par l'évolution car elle protégeait contre la peste noire.

En effet, le gène incriminé a été identifié sur le chromosome 16 par un consortium français en 1997. Ce gène nommé MEFV, pour *Mediterranean fever*, code une protéine, la pyrine (du grec *pyros*, « feu », « fièvre »), impliquée dans le processus immunitaire de détection des pathogènes. Les mutations induisent une activation spontanée de la protéine, qui produit de l'inflammation non contrôlée. La maladie est très fréquente dans les populations juives séfarades, arméniennes, arabes et turques du pourtour méditerranéen, au sein desquelles les porteurs de ce variant peuvent représenter jusqu'à 10 % de la population totale, une forte fréquence qui fait suspecter une pression sélective positive. Selon une étude récente, ces mutations au sein d'une population turque sont apparues avant la première pandémie de peste. Elles se seraient fixées dans la population car l'activation spontanée et permanente de la pyrine chez les porteurs de ces mutations permettait de mieux résister à l'infection par le bacille de la peste. L'explication tient au fait que le bacille *Yersinia pestis* inactive justement la pyrine pour pouvoir se développer dans les cellules infectées.

Un autre exemple est celui du choléra. Une analyse génétique des populations exposées au choléra dans le delta du Gange, au Bangladesh, a mis en évidence des mutations permettant de résister au fléau. Le germe est apparu dans cette région et s'est ensuite diffusé dans le monde en plusieurs vagues. Or les populations locales, naturellement très exposées, sont aussi plus résistantes à cette infection. Dans le passé, la mortalité du choléra était de 50 %. Mais lors des épidémies récentes, elle a oscillé entre 5 et 10 %. Dans le delta du Gange, la moitié des adolescents de 15 ans ont des sérologies positives qui indiquent qu'ils ont été infectés par la bactérie, mais qu'ils ont mieux résisté que la moyenne. Cela, à cause de mutations de gènes qui codent pour les canaux chlore de la paroi de l'intestin et de gènes qui codent pour l'activation cellulaire en réaction à un pathogène. Dans cette région, la présence du choléra a pesé sur la sélection en favorisant les mutations qui protégeaient la population locale de la maladie.

L'UN MEURT, L'AUTRE PAS

L'étude de la susceptibilité aux infections s'est avérée précieuse pour comprendre l'immunité et le rôle qu'y jouent les prédispositions génétiques : pourquoi un agent aussi virulent que le virus Ebola ne tue-t-il jamais toutes ses victimes ? À l'inverse, pourquoi des agents non virulents utilisés comme vaccins, comme les vaccins du BCG, de la fièvre jaune, de la rougeole ou de la poliomyélite, peuvent-ils exceptionnellement s'avérer dangereux du fait d'une prédisposition génétique ?

Les mutations impactant le système immunitaire et transmises par l'hérédité représentent à ce jour plus de 430 maladies génétiques identifiées. Ces déficits immunitaires primaires, comme la maladie de Bruton qui provoque une immunodéficience, entraînent une sensibilité accrue aux maladies infectieuses. Ces déficiences peuvent être larges ou restreintes à un type de germes comme le bacille de la tuberculose, les pneumocoques, le virus de l'herpès (HSV-1), le virus Epstein-Barr (EBV) à l'origine de la mononucléose infectieuse, le virus du papillome humain (HPV), ou encore des champignons du genre *Candida*. Il existe des mutations monogéniques, ne touchant qu'un seul gène, qui provoquent des susceptibilités aux germes sans virulence comme les vaccins vivants, sans qu'il existe d'immunodéficience à proprement parler. C'est ce qui se passe dans de très rares cas, quand on injecte le vaccin du BCG. D'autres mutations monogéniques s'expriment par des susceptibilités à des formes sévères de maladies infectieuses (encéphalite herpétique, infection sévère à streptocoque, grippe sévère). Ces dysfonctions du système immunitaire n'apportent pas d'avantage sélectif, par conséquent elles n'ont pas été sélectionnées au cours de notre évolution et entraînent des maladies rares.

Partie II

Le rôle des maladies infectieuses dans l'histoire de la France et du monde

Depuis la nuit des temps, la confrontation des hommes avec les maladies infectieuses a conditionné leurs actions. Ils ont dû composer avec la peur, l'incompréhension et les saignées qu'elles opéraient parmi les vivants. Mais nous ne pouvons mesurer les effets de ces tragédies qu'à partir du XIIe siècle. Car même si Hippocrate, illustre médecin de la Grèce antique, avait commencé à les décrire, la fiabilité des sources qui traitent des infections avant le Moyen Âge est toute relative.

CHAPITRE 1

Des hommes, des infections et le pouvoir royal

Les régimes politiques étaient autrefois basés sur une transmission héréditaire du pouvoir. Ils devaient donc constamment intégrer la menace des maladies infectieuses. La mortalité infantile était forte : diphtérie, coqueluche, méningites, pneumonie, rougeole, variole, etc. Or le royaume de France appliquait la loi salique. Le pouvoir étant réservé aux hommes, le risque pour un souverain de mourir sans descendant était doublé, puisque les filles ne comptaient pas. *De facto* Mérovingiens, Carolingiens, Capétiens, Valois… toutes ces lignées royales ont fini par s'éteindre faute d'héritier, en dépit de l'énergie déployée à se perpétuer. Seuls les Bourbons firent exception. Des périodes de régence ont régulièrement ponctué les règnes sur le trône de France, à l'origine de querelles de succession et de guerres parfois longues et coûteuses pour les finances du pays.

La mortalité infectieuse chez les adultes était tout aussi funeste, obligeant à remplacer les souverains au débotté. Les successions elles-mêmes étaient précaires. Les princes mourant parfois avant les parents, il fallait aller chercher des cousins pour compenser les pertes, au risque de déclencher d'autres querelles et combats fratricides.

La variole, cette « grande tueuse », a souvent croisé la route des rois de France. Le palais royal, très fréquenté, était un foyer où prospéraient les maladies infectieuses. Même si des quarantaines sont décrétées, l'étiquette n'est jamais suspendue et un roi ne peut vivre sans valets. Des légions de serviteurs vont et viennent au service des princes, comme autant de vecteurs de virus. Tomber malade est une fatalité. Il nous est difficile, au XXIe siècle, de nous représenter la menace que constituaient les maladies infectieuses autrefois. Les maux inexplicables, maudits par le peuple comme par les puissants, étaient vécus comme des châtiments divins.

Un trône menacé : la descendance du Roi-Soleil

Les rois de France ont ainsi partagé la même précarité quand venait le temps de la reproduction. Tous ont dû s'employer à obtenir de leur(s) épouse(s) un descendant mâle survivant à qui transmettre le trône. Or ce n'était pas une mince affaire, car, même si la reine était fertile, la mortalité infantile frappait aveuglément les princes, comme les enfants rois. Jusqu'en 1850, un enfant sur deux ne dépassait jamais l'âge de 10 ans, une règle d'airain qui s'imposait d'ailleurs indistinctement à toutes les classes de la société.

Les malheurs de notre Roi-Soleil, l'homme le plus choyé du royaume de France, illustrent ces dangers. Enfant, déjà, le couperet ne passe pas loin. À 9 ans, il contracte la variole, nommée petite vérole à l'époque, alors qu'il joue sans surveillance dans la cour du Palais-Royal. La variole redoutée est une maladie éruptive transmise par un virus, qui tuait autrefois entre 20 et 50 % des personnes infectées. Tous les deux ou trois ans, une épidémie survenait qui n'épargnait personne, surtout pas les plus jeunes. La maladie est transmise par les gouttelettes de toux lors de la phase pulmonaire fébrile, et par les croûtes des cicatrices cutanées. Des pustules apparaissaient ensuite sur tout le corps, laissant des cicatrices défigurantes et indélébiles. Les écrivains de l'époque évoquent souvent des personnages au visage « grêlé de petite vérole ». Pour en revenir au jeune prince, il survit miraculeusement.

Devenu roi, Louis XIV s'appliqua à honorer assidûment son devoir conjugal auprès de Marie-Thérèse d'Autriche la reine, sans parler de ses nombreuses maîtresses. Il eut ainsi six enfants officiels et quelques bâtards au sort peu enviable. L'aîné, Louis de France dit le Grand Dauphin, fut le seul enfant du couple à atteindre l'âge adulte. Pour le reste de la fratrie, ce fut l'hécatombe. Anne-Élisabeth, sa petite sœur, mourut à l'âge de 1 mois et demi d'une fluxion de poitrine, une pneumopathie infectieuse fréquente à cet âge ; une autre sœur, Marie-Anne, ne vécut que 40 jours, sans qu'on sache par la suite de quoi elle était morte ; Marie-Thérèse, dite la « Petite Madame », fut emportée à 5 ans par la tuberculose. Philippe-Charles, qui avait contracté à 3 ans la même maladie que sa sœur aînée Anne-Élisabeth, ne survécut pas non plus ; ni d'ailleurs Louis-François de France, le dernier de cette série noire, qui décéda à 5 mois.

Comble de malheur, le Grand Dauphin contracta la variole à 49 ans et s'éteignit avant d'avoir eu le loisir de monter sur le trône.

Avec la mort du Grand Dauphin en 1711, il revient donc au petit-fils de Louis XIV, Louis de France, duc de Bourgogne, dit le Petit Dauphin, d'assurer la descendance de la famille. Lourde tâche !

Car la famille royale n'en a pas fini avec la malédiction des maladies infectieuses. Marié à Marie-Adélaïde de Savoie qui lui donne trois fils, le Petit Dauphin est emporté en 1712 à 29 ans par une mauvaise rougeole qui l'avait déjà privé de sa femme et de son fils cadet six jours plus tôt. Au crépuscule de son règne, Louis XIV ne peut donc plus compter que sur son arrière-petit-fils, le petit dernier, l'orphelin miraculeusement épargné par la rougeole. Ses deux frères aînés sont déjà enterrés. Si bien que lorsque Louis XIV meurt, atteint par la gangrène, c'est cet arrière-petit-fils qui ceint la couronne royale. Il porte le nom de Louis XV et il a tout juste 5 ans. Un âge où l'on est encore fragile, susceptible de contracter de nombreuses maladies infantiles… et certainement pas encore en mesure de procréer. Une longue période de régence s'ouvre. Parvenu à l'âge adulte, à 15 ans, il doit penser sans attendre à sa succession. Parmi les cent prétendantes en lice, toutes princesses européennes, on lui attribue Marie Leszczynska, fille du roi de Pologne. Le choix se porte sur elle principalement parce que, à 22 ans, elle est en pleine période de procréation. L'épouse polonaise gratifie le roi d'une large progéniture : dix naissances s'échelonnent entre 1727 et 1737. Elles ne comptent, hélas, que deux garçons dont un seul parvient à l'âge adulte : Louis de France, dauphin du Viennois.

Le sort s'acharne. Malgré les efforts répétés de la reine sa mère, la succession du trône ne tient à nouveau qu'à la seule personne du dauphin. La pression est importante, il faut faire vite. L'héritier est marié à 16 ans à l'infante Marie-Thérèse d'Espagne, fille de Philippe V d'Espagne. Mais la malheureuse meurt en couches l'année suivante. Veuf à 17 ans et père d'une petite fille, le dauphin est vite remarié à Marie-Josèphe de Saxe. Celle-ci lui donne huit enfants dont cinq mâles. Les deux premiers garçons n'atteignent pas l'âge adulte : le premier disparaît à 10 ans d'une tuberculose osseuse compliquant une intervention chirurgicale après une mauvaise chute, le deuxième à 5 mois d'une coqueluche. Les trois derniers seront rois de France : Louis XVI, Louis XVIII et Charles X. Mais leur père Louis de France, dauphin du Viennois, eut lui-même une vie écourtée par la maladie et rendit son dernier souffle à 36 ans, emporté par une tuberculose pulmonaire.

Le destin de cette famille emblématique de l'histoire de France donne une idée de la précarité d'une monarchie d'Ancien

Régime basée sur la transmission du pouvoir aux seuls héritiers mâles. En l'espace de deux règnes, les maladies infectieuses se déchaînent : variole, tuberculose, pneumopathie, coqueluche, rougeole...

Sur le trône de France, les lignées se succèdent comme elles le peuvent, entre le chaos des guerres et la peur des épidémies. Depuis les Capétiens en l'an 980 jusqu'aux Valois et aux Bourbons avant leur chute à la Révolution française, les rois vivent 40 à 60 ans en moyenne. Ils deviennent rois vers 20 ans et règnent ensuite une vingtaine d'années. Mais rappelons-le, les infections frappent indifféremment les rois et leurs sujets. Sous l'Ancien Régime, l'espérance de vie en France et dans le monde ne dépasse pas une vingtaine d'années.

Ces chiffres sont frappants quand on les rapproche des monarchies européennes actuelles, où la longévité des monarques grippe ce système de transmission du pouvoir symbolique. En Belgique et en Espagne, des monarques déclinants ont choisi d'abdiquer en faveur de leurs enfants. Mais Elizabeth II d'Angleterre bat tous les records. Son règne est le plus long de toute l'histoire du monde.

Les familles régnantes décimées en Europe au XVIIIe siècle

À Saint-Pétersbourg, chez les Romanov, la variole brise cette longue dynastie masculine en emportant le fils de Pierre le Grand, le tsar Pierre II de Russie, en 1730.

À Vienne, chez les Habsbourg, le mal s'abat sur les enfants de l'empereur du Saint-Empire Léopold Ier. Sa fille Marie-Josèphe d'Autriche est frappée en 1703. Elle meurt à 16 ans. Son fils Joseph Ier, futur empereur du Saint-Empire, est un jeune prince de cour comme on les imagine. Il aime la chasse (il adore monter à cheval), la musique (il compose lui-même de petites pièces) et les femmes. Sa vigueur est notoire et il n'hésite pas à en courtiser plusieurs de front. Hélas, est-ce des suites de son succès, de ses excès, de son infortune ou de sa passion pour le beau sexe ? Nul ne sait vraiment, mais il contracte la grande vérole, l'autre nom de la syphilis. Il la transmet à son épouse officielle comme cadeau de mariage, la rendant définitivement stérile. Son règne très court se termine quand le monarque syphilitique contracte l'infection en 1711. Après avoir survécu à la grande vérole, Joseph Ier succombe à la petite vérole, l'autre nom de la variole. Sans descendance, il cède le trône à son frère.

Remontons vers le nord ! À Berlin, dans la branche Hohenzollern, Henri prince de Prusse, le deuxième fils du prince Auguste Guillaume, est un jeune et prometteur souverain. Capitaine dans les gardes, il commande la compagnie du 1er bataillon de la garde des gardes du corps. Il reçoit une formation militaire approfondie conformément aux préceptes prussiens, pour l'endurcir et lui apprendre à régner d'une main de fer. La variole brise net son royal destin. En 1767, alors qu'il passe en revue un escadron de ses cuirassiers à Berlin, la fièvre l'oblige à abandonner la place d'armes avant la fin de la cérémonie. Il décède quelques jours plus tard, le 26 mai, emporté par la variole.

Plus au nord encore, à Stockholm, Ulrique-Éléonore, reine de Suède, abdique en 1720 en faveur de son mari Frédéric Ier, landgrave de Hesse-Cassel, puis meurt elle aussi de la variole en 1741. Avec sa disparition, la dynastie du Palatinat Deux-Ponts (un ancien État du Saint-Empire romain germanique) s'éteint.

La déroute de Napoléon III

Les malheurs de Napoléon III sont l'occasion d'une brève incursion au XIXe siècle. Il ne s'agit plus de roi, mais d'empereur. Louis Napoléon Bonaparte, premier et unique chef d'État de la brève IIe République, s'est proclamé héritier de Napoléon Ier le 2 décembre 1852 sous le titre de Napoléon III. Il déclare la guerre à la Prusse le 19 juillet 1870. Cette déclaration le mène à sa chute de la manière la plus piteuse qui soit : il est capturé par les Prussiens à Sedan le 4 septembre 1870, après juste un mois et demi de combats.

La guerre continue pourtant. Paris est assiégé. L'armistice est finalement signé le 28 janvier 1871. L'Alsace et la Lorraine sont perdues et les germes des futurs conflits mondiaux du XXe siècle sont semés. La débâcle des troupes françaises s'explique par... une épidémie de variole. Les taux de vaccination sont trop faibles. Elle a fait 23 000 morts, soit une perte sèche d'environ 23 régiments. Face aux Français, les Prussiens qui ont une bonne couverture vaccinale ne déplorent que 297 victimes de l'infection.

Mais la maladie se moque des frontières et des traités de paix. De nombreux prisonniers de guerre français capturés sont internés en Allemagne, provoquant là-bas une des plus grandes épidémies de variole en Europe centrale et la mort d'au moins un demi-million de personnes.

CHAPITRE 2

Le cours des guerres et l'avenir des nations bouleversés par les épidémies

La peste a laissé des stigmates dans l'imaginaire collectif. Le mot seul suffit à évoquer des images de désolation. Le monde en a connu trois pandémies. La peste de Justinien remonte à la seconde moitié du VIe siècle. La tristement célèbre « peste noire », entre 1346 et 1353, effaça plus du tiers de la population européenne et connut des répliques en Europe jusqu'au XVIIIe siècle. La troisième pandémie naquit dans la province chinoise du Yunnan au milieu du XIXe siècle.

« Ce mal qui répand la terreur », cher à La Fontaine, est une zoonose, une maladie partagée par l'homme et l'animal. Elle infecte principalement la faune sauvage. L'homme n'est qu'un hôte accidentel. Sur un plan clinique, elle peut avoir deux formes : lorsqu'elle est transmise par la puce du rat, elle infecte les ganglions lymphatiques, qui s'hypertrophient et se transforment en « bubons » douloureux, des sortes de tumeurs infectieuses. La peste bubonique peut ensuite se diffuser au poumon et se transformer en une forme foudroyante : la peste pulmonaire, qui se transmet par la toux.

La grande peste au XIV*e* *siècle*

L'origine de la pandémie est incertaine. Elle aurait surgi en Asie centrale et aurait suivi la route de la soie, amenée par les Mongols qui assiégeaient Caffa, un comptoir génois installé en Crimée au bord de la mer Noire. Le siège dure deux ans, entre 1345 et 1347. L'histoire raconte que les Mongols auraient armé des catapultes avec des cadavres de pestiférés pour les balancer au-dessus des murs de la ville. Ce serait la première utilisation dans l'histoire d'une arme biologique ! Mais les rats qui vivent au contact de l'homme ont sans doute été de bien meilleurs vecteurs de transmission. À l'issue du conflit, les belligérants signent une trêve et les Mongols laissent partir l'armée génoise en déroute, faisant un cadeau empoisonné à l'Europe. Avec la peste qu'ils apportent dans leurs soutes, les Génois sèment terreur et désolation.

Constantinople, la capitale de l'Empire romain d'Orient, est la première ville touchée au printemps 1347. Messine est atteinte en septembre. Puis la peste débarque sur le continent européen. Gênes et Marseille signalent une épidémie en novembre. La peste remonte la vallée du Rhône et fait une halte en Avignon, la puissante cité papale, grand carrefour spirituel. Les cadavres s'empilent si rapidement que le pape Clément VI le Magnifique autorise leur immersion dans le Rhône, qu'il a préalablement béni. Si le pontife est épargné, les fidèles qui repartent d'Avignon contribuent largement à diffuser la peste noire dans le reste de la chrétienté. Le fléau a déjà gagné Pise en janvier 1348, puis Split dans l'actuelle Croatie. Le 25 janvier, il entre dans la république de Venise, la Sérénissime, qui est à l'époque la plaque tournante du commerce international. En moins d'un an, la peste noire a conquis tout le sud de l'Europe à l'exception de quelques poches oubliées comme la ville de Milan, mystérieusement épargnée.

La maladie part à l'assaut du reste de l'Europe en 1349. La voilà en Allemagne, au Danemark, dans le nord de l'Angleterre, au pays de Galles, en Irlande. En 1350, elle pousse plus au nord, envahit la Scandinavie, l'Écosse, l'Islande et le Groenland et s'arrête aux marges de la Russie.

La peste noire balaie tout sur son passage, puis s'en va. Les villes et les campagnes s'embrasent pendant six à neuf mois, jamais davantage. L'épidémie se diffuse le long des routes commerciales et maritimes. Les taux de mortalité sont effroyables : 30 à 60 % de la population sont éliminés. Entre 1340 et 1440, alors que la France est enlisée dans un conflit sans fin avec la couronne d'Angleterre, qu'on a appelé plus tard la guerre de Cent Ans, la population française est passée de 17 à 10 millions d'habitants, soit une diminution de 41 %. La population de l'ancienne Gaule ! Une effroyable ponction qu'il faut imputer à la maladie, et non aux pertes militaires, somme toute limitées. Au total, la peste noire a tué environ 25 millions de personnes en Europe, soit plus du tiers de la population.

La peste noire eut d'autres répercussions majeures.

En 1347, Constantinople, la capitale de l'Empire romain d'Orient, aussi appelé Empire byzantin, avait accueilli les Génois chassés de leur comptoir de Caffa et, avec eux, la peste. L'Empire byzantin, déjà affaibli par des guerres multiples, subissait alors les coups de boutoir de son puissant voisin l'Empire ottoman. Le fléau affecta durement ce qui restait de sa puissance. Entre 1347 et 1453, l'Empire byzantin subit neuf épidémies successives de peste. La dernière lui donna le coup de grâce. Constantinople, capitale chrétienne, tomba aux mains des Turcs ottomans le 29 mai 1453. Pour beaucoup d'historiens, cette date marque la fin du Moyen Âge.

LES JUIFS ACCUSÉS

L'effroi que fait naître l'infection bubonique entraîne des troubles sociaux en tous genres. On recourt aux hypothèses les plus farfelues pour expliquer l'épidémie : elle est une vengeance divine, ou une manifestation du diable. On cherche des coupables. Comme souvent dans l'histoire de l'Europe, les Juifs sont désignés à la vindicte publique. Les violences à leur endroit débutent dès 1348 en Provence. Les persécutions se concentrent dans le sud du royaume et dans la vallée du Rhône. En juillet, Philippe VI, le roi de France, fait traduire en justice des Juifs accusés d'avoir empoisonné les puits, une accusation récurrente… et infondée, bien sûr. Seul, en Avignon, le pape Clément VI prend des mesures préventives. Il proclame deux bulles successives pour protéger les Juifs dans les États pontificaux. Ce n'est malheureusement pas le cas dans le reste de l'Europe.

La Révolution française sauvée… par la dysenterie

Les périodes de guerre et troubles sociaux sont propices au non-respect des règles d'hygiène. Plus de quarantaine, plus d'isolement. Les soldats tombent malades. « Pourquoi des hommes choisis avec soin, bien vêtus, régulièrement nourris, attentivement surveillés, paient à la mort un tribut plus lourd que les autres citoyens ? » s'interrogeait en 1885 Alphonse Laveran, qui avait reçu le prix Nobel de médecine pour sa découverte des causes du paludisme. La raison en est simple. Ces hommes jeunes qui n'avaient connu que les maladies infantiles vivent dans la promiscuité de leurs régiments avec lesquels ils font campagne. Pour peu que l'un ou l'autre rencontre un virus, il contamine aisément le reste de la troupe. Puis il rentre dans sa famille, et la contagion s'étend. Ainsi, jusqu'à la Seconde Guerre mondiale, les soldats meurent moins des blessures par arme que d'infections. On ne compte plus les batailles dont l'issue a été bouleversée par une épidémie.

En voici un exemple : Valmy. Récapitulons : en 1792, le roi Louis XVI est en mauvaise posture. L'année précédente, il a fui Paris avant d'être reconnu à Varennes et ramené dans la capitale, sous les huées. Le 25 avril 1792, la France déclare la guerre à la Maison d'Autriche ; la Révolution est menacée par les armées étrangères. Les troupes françaises dans l'Est enregistrent leurs premières défaites. Le 11 juillet, l'Assemblée nationale déclare « la patrie en danger ». Le 17 juillet les fédérés demandent la suspension de Louis XVI. Un manifeste attribué au duc de Brunswick, commandant de l'armée prussienne, met en garde les Parisiens tentés de s'attaquer à la personne du roi. Pour eux, c'est un défi. Le 10 août, les insurgés s'emparent des Tuileries. La famille royale est transférée à la prison du Temple.

À la tête des Prussiens, le duc de Brunswick marche alors sur Paris pour délivrer le roi. Tout n'est pas perdu ! Le 20 septembre 1792, les armées révolutionnaires des généraux François Kellermann et Charles Dumouriez réussissent à arrêter les Prussiens près du village de Valmy, dans l'Argonne. La bataille se déroule dans les prairies que surplombe, construit sur un tertre, un moulin devenu fameux.

L'invasion de la France est stoppée net. Les ennemis sont en déroute. La Révolution française est sauvée. Mais ce grand moment de l'historiographie française doit beaucoup aux embarras gastriques. Une épidémie de dysenterie a ravagé les rangs de l'armée prussienne, avec au menu diarrhées et crampes abdominales.

Figure 3. *Le Duc de Chartres à Valmy*, tableau d'Éloi Firmin Féron, 1792.

Le destin de Napoléon Ier contrarié par les infections

Napoléon Bonaparte est un chef de guerre. Il s'illustre sur les champs de bataille en Italie, puis en Égypte, avant de s'emparer du pouvoir. Il projette alors de construire un empire en Europe. Mais les maladies infectieuses vont contrarier ses ambitieux desseins.

D'abord, comme tout bon souverain, Napoléon s'emploie à créer une descendance. Mais rien ne va comme il veut. Sa première femme, Joséphine de Beauharnais, tente vainement d'avoir un enfant, alors que ses maîtresses lui en font à tout va. Le petit Napoléon-Charles, fils de son frère et d'une sœur de Joséphine, aurait pu faire office d'héritier, mais il meurt, emporté par la diphtérie avant l'âge de 1 an. L'infertilité de Joséphine devient une affaire d'État. Napoléon divorce fin 1809, se remarie en avril 1810 avec la fille aînée de l'empereur François Ier d'Autriche. L'union scelle le traité de Schönbrunn entre la France et l'Autriche après la victorieuse bataille de

Wagram en 1809. La suite est menée tambour battant. Marie-Louise est enceinte en juillet 1810 et accouche le 20 mars 1811 de Napoléon François Joseph Charles Bonaparte, plus connu sous le nom de roi de Rome, ou plus familièrement sous le sobriquet de « l'Aiglon ». En 1811, Napoléon, conscient de l'intérêt que pourrait présenter sur le plan militaire la découverte de l'Anglais Edward Jenner, décide de se faire vacciner contre la variole. Il fait aussi vacciner son fils unique, le roi de Rome. L'héritier reste malheureusement vulnérable aux autres maladies infectieuses. À 17 ans, il meurt de la tuberculose au château de Schönbrunn à Vienne, où il est exilé après que son père a abdiqué. Napoléon s'est donc éteint sans descendance officielle directe.

LA PESTE À SAINT-JEAN-D'ACRE

Napoléon n'a pas été plus heureux pendant ses conquêtes militaires. Il lui a fallu souvent composer avec la maladie qui frappait ses troupes. La campagne d'Égypte avait été décidée en 1798 par le Directoire pour lutter contre l'Angleterre et lui couper la route de l'accès aux Indes. Le 1er juillet 1798 le corps expéditionnaire de l'armée d'Orient débarque à Alexandrie, dont il s'empare le lendemain après une courte résistance. Le 21 juillet, Bonaparte mène la bataille des pyramides de Gizeh contre les cavaliers mamelouks au cours de laquelle il aurait prononcé sa célébrissime phrase : « Soldats ! Vous êtes venus dans ces contrées pour les arracher à la barbarie, porter la civilisation dans l'Orient, et soustraire cette belle partie du monde au joug de l'Angleterre. Nous allons combattre. Songez que du haut de ces pyramides quarante siècles vous contemplent. » Le 24 juillet, le jeune général entre triomphant dans Le Caire.

L'Angleterre réagit à cette agression en envoyant l'amiral Nelson détruire l'escadre française à Aboukir, ce qui laisse les Britanniques maîtres de la Méditerranée. Bonaparte se retrouve prisonnier de sa conquête au moment où les Turcs déclarent la guerre à la France, car l'Égypte fait partie de l'Empire ottoman. Sa tentative de rejoindre le territoire d'Israël par la terre, maintenant que la route des mers est coupée, se solde par un échec. Au siège de Saint-Jean-d'Acre, la peste se déclare dans les rangs des troupes françaises. Bonaparte finit par se replier au Caire avec son armée très affaiblie. Elle compte 1 800 blessés. En Syrie, il a perdu 600 hommes de la peste, et le double dans les combats. La maladie a pesé lourd dans sa défaite.

Et si, en 1804, le peintre Antoine-Jean Gros le représente pour la postérité en vainqueur compatissant, n'hésitant pas à toucher un bubon pesteux, alors que son aide de camp se bouche le nez, dans les faits, le général Bonaparte manifesta peu de sollicitude à l'égard de ses soldats...

Figure 4. *Bonaparte visitant les pestiférés*, tableau d'Antoine-Jean Gros (détail) (1804). Bonaparte semble toucher le bubon axillaire d'un pestiféré, alors que son aide de camp se couvre la bouche avec un mouchoir.

LA GRANDE ARMÉE VAINCUE PAR LE TYPHUS

Le typhus est une maladie quasi inconnue aujourd'hui. Il a pourtant longtemps ravagé les populations, avec des taux de mortalité de 60 %. Cela, avant le recours aux antibiotiques. Le typhus a souvent été confondu avec la fièvre typhoïde dont il partage la racine grecque *tuphos :* « état de stupeur associé à la fièvre ». Le typhus est provoqué par une bactérie dénommée *Rickettsia prowazekii,* d'après les noms des deux scientifiques qui l'ont découverte. Il est transmis à l'homme par le pou de corps*, non par sa piqûre mais par ses déjections contaminées. Les poux piquent pour se nourrir du sang de leur victime. Il en résulte des démangeaisons. Quand la personne se gratte, les lésions induites permettent la pénétration des bactéries présentes dans les déjections. Ces poux survivent dans les vêtements et profitent du froid et du manque d'hygiène pour se multiplier. Les guerres, les catastrophes naturelles, les camps de réfugiés ou de prisonniers où la promiscuité est forte et l'hygiène est limitée leur sont propices. Les patients non traités qui survivent au typhus restent infectés toute leur vie.

La retraite de Russie, à la veille de l'hiver 1812, reste l'un des épisodes tragiques de l'épopée napoléonienne. Après l'incendie de Moscou, le 18 octobre 1812, Napoléon donne l'ordre de la retraite. La Grande Armée reflue en luttant contre les assauts conjugués du froid et des armées du tsar Alexandre Ier qui pratiquent la politique de la « terre brûlée ». Le 25 novembre, Napoléon, avec 50 000 hommes, doit traverser la rivière Bérézina. Les pontonniers construisent un pont en bois de plus de 100 mètres, un vrai miracle, dans des conditions effroyables. Mais l'armée est

---

* Le pou de corps (*Pediculus humanus humanus*) est différent du pou de tête qui affecte encore fréquemment les collectivités de la petite enfance. Il est caractérisé par une colonisation des poils du corps et non des cheveux. Il se transmet par l'échange de vêtements non lavés.

talonnée, et plus de 10 000 hommes sont capturés avant d'avoir pu l'emprunter. Une tragédie dont on se souvient encore quand, pour qualifier une situation difficile, on dit d'elle que « c'est la Bérézina ».

À Vilnius, en Lituanie, les restes de 717 soldats de l'armée de Napoléon ont été découverts lors de fouilles d'une fosse commune de la ville. Une étude de paléogénomique a révélé en 2006 la présence de poux et de deux agents pathogènes : *R. prowazecki*, l'agent du typhus, et *Bartonella quintana*, l'agent de la fièvre des tranchées. Pendant la campagne de Russie, les maladies ont tué deux fois plus que les armes. À lui seul, le typhus a éliminé plus de grognards que la bataille de la Bérézina.

Les révolutions attisées par le choléra

La maladie, qui fait encore des victimes au XXIe siècle lors de catastrophes naturelles, se traduit par des vomissements massifs, une diarrhée brutale et profuse, et la mort par déshydratation pour la moitié des cas non traités. La maladie affecte à la fois par sa brutalité, sa rapidité et par le sentiment de déchéance corporelle qu'elle fait naître. Au XIXe siècle, elle provoqua une fracture au sein de la société industrielle naissante car elle toucha surtout les plus pauvres. L'historien écossais Robert J. Morris présente le choléra « comme un test de cohésion sociale. Suivre la piste du choléra, c'était observer la confiance et la coopération entre différents partenaires sociaux engagés dans une tension extrême ».

La description d'une affection ressemblant au choléra a été retrouvée dans des manuscrits en sanscrit datant du Ve siècle avant notre ère. La maladie originaire du delta du Gange a probablement existé dans le sous-continent indien depuis des siècles.

La création de la Compagnie des Indes orientales britannique et les échanges commerciaux qu'elle fit naître changèrent le destin de la maladie, jusque-là cantonnée géographiquement. Le bacille prolifique devint un des premiers pathogènes pandémiques. Les patients excrétaient le germe pendant de longues semaines et le vibrion survivait, contaminant l'eau des rivières. Dès 1817, le mal se répandit au-delà du sous-continent indien, déclenchant la première des sept pandémies de choléra que le monde a connues.

La première, entre 1817 et 1823, frappa l'Asie jusqu'à la côte orientale de l'Afrique. L'Europe fut épargnée.

À partir de 1826, la deuxième vague envahit l'Asie jusqu'à la Chine, faisant des millions de victimes. Elle pénétra aussi en Europe. En 1830, le choléra emprunta les routes commerciales de la Perse et de l'Afghanistan, jusqu'à Moscou. L'insurrection de Pologne en 1830 puis la campagne militaire russe facilitèrent son entrée en Pologne et en Finlande. D'une manière générale, les mouvements de population lui sont propices. Or, au XIXe siècle, ces migrations étaient surtout liées aux campagnes militaires, avec les déplacements de troupes et les allers et retours des conscrits dans les zones d'endémie.

En France, les temps étaient troublés. Au terme d'une brève révolution, la monarchie de Juillet avait été installée et un nouveau roi couronné, qui avait pris le nom de Louis-Philippe Ier.

Pendant ce temps, le choléra progressait vers l'ouest de l'Europe, qui n'avait encore jamais connu cette maladie émergente. En 1831, il atteint Berlin. De l'autre côté du Rhin, la France traverse une nouvelle crise politique. Il faut aussi réagir à l'épidémie qui se rapproche. Las ! Un premier cas de choléra se déclare à Paris le 26 mars 1832. En six mois, l'épidémie fait 1 900 victimes rien que dans la capitale. Le 1er avril, le roi des Français rend visite à des malades à l'Hôtel-Dieu, avec Casimir Perier, le nouveau président du Conseil, qui se contamine. Après quinze jours de rémissions et rechutes, il meurt le 16 mai 1832. De nombreuses personnalités politiques sont touchées, dont le général Jean-Maximilien Lamarque, une figure de la Révolution et de l'Empire, très populaire, qui succombe le 1er juin. Lors de ses obsèques, suivies par une foule immense, des émeutes éclatent. Les républicains tentent un coup de force mais la révolte est sévèrement réprimée. Le choléra a fait vaciller la monarchie de Juillet.

L'infection ne s'arrêta pas en chemin et fit le tour du monde, *via* l'Australie. L'historien britannique Richard J. Evans a brossé une fresque de la période marquée par cette maladie : « La progression du fléau à travers l'Europe au début des années 1830 fut marquée par une série d'émeutes et de troubles dans presque tous les pays. Le peuple n'acceptait pas de croire que le choléra fût une maladie jusqu'alors inconnue et pensait au contraire qu'il s'agissait d'une tentative pour réduire le nombre des pauvres en les empoisonnant. Des émeutes, des massacres, des destructions touchant les propriétés se déroulèrent dans toute la Russie, se répandirent à travers l'empire des Habsbourg, éclatèrent au Königsberg, Stettin et Memel en 1831 et s'étendirent à travers la Grande-Bretagne l'année suivante, touchant des villes aussi éloignées les unes des autres qu'Exeter et Glasgow, Londres, Manchester et Liverpool », écrit-il.

L'épidémie de choléra de 1830 en Europe centrale désorganisa durablement l'Empire austro-hongrois et contribua à sa chute en 1914. En 1831, elle y fit plus de 250 000 morts. À cette époque, cet empire comptait une mosaïque de peuples fédérés par l'allemand, la langue officielle. L'infection toxique fit des victimes principalement dans les villes où vivait l'élite germanophone. Celle-ci fut remplacée en Hongrie par des paysans parlant le magyar, en Bohême par des Slaves... Ces changements posèrent les bases de l'éclatement d'un empire dont l'unité était scellée par la langue de Schubert.

La troisième pandémie ravagea l'Europe et le Bassin méditerranéen entre 1846 à 1861 avant de gagner à nouveau l'Amérique du Nord. Elle toucha encore une fois Londres, en particulier le quartier de Soho où le docteur John Snow fit ses observations qui fondèrent la science toute neuve de l'épidémiologie. Dans son essai *On the Mode of Transmission of Cholera* en 1849, il émit l'hypothèse que le choléra était une maladie transmissible par l'eau, il identifia la coupable de l'épidémie du quartier, une pompe à eau de Broad Street, et demanda que le bras en soit retiré. Ce fut la première action de santé publique de l'histoire.

CHAPITRE 3

L'influence de la prévention dans les conflits armés

Les progrès de la médecine profitent aux soldats, de mieux en mieux protégés des maladies liées à la promiscuité qui avaient tué leurs ancêtres sous les drapeaux. La Première Guerre mondiale tient une place particulière dans l'histoire des maladies infectieuses, puisque lors de ce conflit, les hommes au front bénéficient pour la première fois du miracle de la vaccination pasteurienne.

La malaria et l'expédition de Salonique

La malaria, ou paludisme, est une maladie transmise par des moustiques du genre *Anopheles*, qui sont les vecteurs de la maladie. Cette infection, due à des parasites des globules rouges, est la compagne habituelle des expéditions coloniales des XIXe et XXe siècles. Le découvreur de la transmission du paludisme par les moustiques, Ronald Ross, prix Nobel de médecine en 1902, est d'ailleurs un médecin militaire anglais de l'armée des Indes. Le Français Alphonse Laveran, prix Nobel de médecine 1907 pour avoir découvert l'agent du paludisme, est aussi un médecin militaire, en poste, lui, à l'hôpital militaire de Constantine. Dans son *Traité des maladies et épidémies des armées* publié en 1875, Laveran rappelle que la principale cause de mortalité des soldats stationnés en Algérie est le paludisme.

Or, au début du XXe siècle, une grande partie du sud de l'Europe est encore impaludée, dont la Grèce, comme en témoigne l'expédition de Salonique nommée aussi front d'Orient, pendant la Première Guerre mondiale. L'opération menée par les armées alliées à partir du port grec macédonien de Salonique visait notamment à soutenir l'armée serbe. Les fièvres palustres étaient alors fréquentes dans les plaines de Macédoine trouées de lacs et de vastes marécages. Cette opération militaire, s'ajoutant aux effets des guerres balkaniques d'avant 1914, avait fait affluer les réfugiés et déplacés. En juillet 1916, ils sont 30 000 à vivre au contact des troupes dans de mauvaises conditions sanitaires. Pour éviter une catastrophe, Alphonse Laveran, qui a quitté l'armée en 1897 pour travailler à l'Institut Pasteur, vient prodiguer des conseils préventifs. Mais le paludisme frappe les troupes françaises et leurs alliés britanniques, italiens, serbes et russes. On compte 60 000 cas entre juin et décembre 1916, sur une armée de 110 000 hommes. « Mon armée est immobilisée dans les hôpitaux ! » se plaint le général Sarrail, commandant du corps expéditionnaire. 20 000 soldats paludéens sont rapatriés en métropole. Des mesures seront prises l'année suivante, ce qui permettra aux Français de reprendre la main contre les Bulgares en 1917.

La vaccination contre la typhoïde dans les tranchées

La fièvre typhoïde est une infection provoquée par une bactérie découverte en 1880 par le bactériologiste allemand Eberth, nommée *Salmonella enterica Typhi* *. Les principaux symptômes sont la fièvre et les diarrhées, qui évoluent vers un état de *tuphos*, hébétude en grec. Le décès survient par perforation intestinale ou par évolution vers le choc septique, autrement dit une infection généralisée.

En France et en particulier dans les armées, la fièvre typhoïde est endémique. Trois filles de Louis Pasteur en sont mortes. En 1896, un microbiologiste anglais, sir Almroth Wright, propose le premier un vaccin à base de bacilles d'Eberth inactivés par l'alcool et conservés dans le phénol. Il l'injecte à deux médecins de l'armée des Indes et montre qu'ils sont protégés contre la souche virulente. Ce vaccin sera ensuite largement utilisé dans cette même armée, puis lors de plusieurs conflits avant la Première Guerre mondiale.

En juillet 1914, la France entre en guerre « non vaccinée » contre la typhoïde. Il n'existe d'obligation vaccinale ni pour la population générale ni pour les militaires. Avec la rudesse de la vie dans les tranchées et le manque d'hygiène, les cas de typhoïde explosent : plus de 66 000 cas se déclarent entre septembre 1914 et mai 1915, dont 11 000 décès, soit l'effectif de 11 régiments. L'état-major presse le service de santé des armées d'y remédier. À l'hôpital du Val-de-Grâce, à Paris, le professeur Hyacinthe Vincent et le pasteurien André Chantemesse s'activent pour développer un vaccin selon les préceptes de Wright. Un effort combiné de l'Institut Pasteur et du service de santé des armées

* Ou de proches cousines nommées *Paratyphi A, B* ou *C*.

permet de produire suffisamment de doses. La vaccination contre la typhoïde est rendue obligatoire par une loi fin 1914. Malgré les effrayantes conditions de vie dans les tranchées dans la dernière année de guerre, il n'y aura plus que 615 cas et 50 décès dus à la fièvre typhoïde jusqu'à la fin du conflit.

Le front de l'Est ravagé par le typhus

En 1909, Charles Nicolle ayant compris que le typhus est transmis par les poux, une prévention simple et efficace a été développée : la lutte contre ces parasites.

Des mesures sont mises en place notamment sur le front de l'Ouest. L'armée française a établi à l'arrière, dans les zones de repos, des services mobiles de buanderie-toilette « antipoux » où se font l'épouillage des troupes, la coupe des cheveux, le lavage du linge à haute température. Ils consistent en des véhicules à chaudières et autoclaves pour les vêtements, des véhicules et tentes à douches pour les soldats. Efficace mais fastidieux ! On ne connaît pas encore le DTT, qui n'apparaîtra que bien plus tard.

En revanche, le typhus fait des ravages importants sur le front de l'Est, en Russie, en Pologne et en Roumanie, et sur le front d'Orient. On dénombre plus de 150 000 morts lors de la campagne de Serbie en 1915 dans la seule armée serbe. Rappelons que la mortalité est effroyable une fois que l'infection est contractée, et qu'à l'époque les antibiotiques n'ont pas encore été découverts.

En Russie, avec la révolution communiste de 1917 et la paix séparée de Brest-Litovsk, le conflit mondial s'arrête. Mais au cours de la guerre civile qui suit, entre l'Armée blanche et l'Armée rouge, le typhus prospère. Il frappe 20 à 30 millions de personnes, dont 3 millions, des civils surtout, décèdent. Lénine lance quelques slogans célèbres à ce sujet, comme : « Le pou est l'ennemi du communisme », ou encore : « Le pou vaincra le socialisme ou le socialisme vaincra le pou ».

Les Américains de leur côté mettent en œuvre un contrôle drastique de leurs *boys* à leur retour d'Europe, afin de ne pas rapporter le typhus dans le Nouveau Monde.

Les morts de la grippe espagnole

La « grippe espagnole » de 1918 a été une des épidémies les plus meurtrières de l'histoire moderne. Le virus grippal, particulièrement contagieux, s'est répandu en plusieurs vagues entre le printemps 1918 et le printemps 1919. Cette « grippe espagnole » est le modèle d'infection virale à transmission aérienne le plus proche de la pandémie de Covid-19 liée au SARS-CoV-2.

Bien que les premiers cas connus soient apparus aux États-Unis, le nom de « grippe espagnole » lui a été faussement attribué car les journaux espagnols furent les premiers à mentionner des cas de grippe inhabituelle dans la famille royale. Les pays en guerre évitaient de nommer l'affection, pour ne pas propager d'informations sur l'affaiblissement du contingent*. La maladie est appelée *three-day fever*, la « fièvre des trois jours », par les médecins de l'armée américaine. Leurs collègues français parlent de l'infection « numéro onze ». Cette pandémie a tué environ 50 millions de personnes, soit entre 2,5 et 5 % de la population mondiale.

---

* À cette époque, la guerre est totale et l'issue incertaine, une grande partie du nord-est de la France occupée. Une épidémie de grippe, si elle avait été connue de l'autre camp, aurait pu être perçue comme un facteur d'affaiblissement général et de possibilité de remporter la victoire. C'est pourquoi les armées mais aussi les journaux étaient censurés.

Elle est identifiée pour la première fois le 4 mars 1918 sur la base militaire de Camp Funston, au Kansas. Le « patient zéro aurait été un cuisinier du nom d'Albert Gitchel. Dans les registres de l'infirmerie du camp, on lit qu'il a consulté pour un syndrome grippal. Il était ouvrier agricole avant d'être appelé sous les drapeaux et l'on suppose qu'il a été contaminé par les volailles. À Camp Funston, très vite, les soldats du même baraquement tombent comme des mouches. La plupart semblent s'en remettre rapidement, sauf 233 d'entre eux dont la grippe se complique d'une pneumonie, emportant 48 des plus fragiles.

La maladie sort vite du camp. Entre mars et avril, elle s'étend rapidement aux États-Unis, puis s'invite sur les bateaux de soldats américains partant combattre en Europe et traverse l'Atlantique avec eux. Dès avril, elle surgit dans un cantonnement britannique à Rouen, puis au mois de mai à Glasgow en Écosse, et enfin en Italie et en Allemagne, atteignant son pic en juin 1918.

L'origine géographique de la deuxième vague est moins connue. Sans doute est-elle revenue aux États-Unis par Brest. Vers le 14 septembre 1918, elle apparaît dans la région de Boston. À l'automne, le virus semble gagner en virulence, entraînant une augmentation de la mortalité dans différents pays. Rappelons-nous que, à l'époque, le seul moyen de poser un diagnostic est l'observation des malades. Les virus sont encore inconnus. Il n'y a aucun moyen de les identifier*. On a un temps suspecté le bacille de Pfeiffer, une bactérie présente dans les poumons de malades, d'être la cause de l'infection, avant que le virus de la grippe soit découvert en 1931.

Après s'être diffusée aux États-Unis, la seconde vague déferle en Europe au milieu de l'automne 1918, touchant d'abord la France et la Grande-Bretagne.

* Les virus ne seront observés qu'au début des années 1930 avec la microscopie électronique. On ne les connaissait que par leurs effets indirects sur les patients.

Les données recueillies par les services de santé des armées rendent compte précisément des pertes. Il n'existe pas à l'époque d'études épidémiologiques dans la population civile. Plus de 408 000 militaires français ont attrapé la grippe entre mai 1918 et mai 1919, et plus de 30 000 sont morts d'une de ses complications foudroyantes, la pneumonie aiguë bactérienne à pneumocoque. Les autres maladies infectieuses n'ont pas fait autant de dégâts pendant la guerre. La rougeole provoque 20 000 cas, la diphtérie un peu plus de 11 000 cas. L'épidémie de grippe a été un phénomène massif et violent, sans équivalent dans l'armée, d'autant plus meurtrier qu'il frappe des soldats épuisés par quatre ans de combats et de privations. Mais l'épidémie, très contagieuse, a frappé sans distinction tous les belligérants. Certes, elle a affaibli les renforts de troupes américaines et, après l'armistice, elle a touché Paris où se tenaient des discussions diplomatiques préparatoires au traité de paix qui allait être signé à Versailles. Mais elle n'a pas fondamentalement bouleversé l'issue du conflit.

Le virus de la grippe espagnole disparut après 1920 aussi brutalement qu'il était apparu en 1918. On a fini par retrouver la séquence du virus d'origine après une traque de plusieurs années, sur des restes de poumon de militaires américains conservés dans de la paraffine au Armed Forces Institute of Pathology, et sur ceux d'une victime inuit enterrée dans le permafrost de l'Alaska. Ce virus a été reconstruit expérimentalement en laboratoire, un travail qui a fait polémique, car, pour la première fois dans l'histoire de l'homme, un virus disparu, hautement virulent, était reconstitué *ex nihilo*. Les contestataires pointaient le risque qu'il fuite du laboratoire et soit à l'origine d'une nouvelle épidémie.

Le tournant de la Seconde Guerre mondiale

Le nombre des morts de maladies infectieuses diminue drastiquement dans les armées à partir de la moitié du XXe siècle. La Seconde Guerre mondiale marque un basculement. La vaccination appliquée à large échelle, l'utilisation d'un nouvel insecticide miracle, le DTT, contre les moustiques et autres vecteurs qui transmettent le paludisme, et enfin le miracle des antibiotiques, tout cet arsenal de mesures protège les soldats. À l'orée du XXIe siècle, les infections ne jouent plus qu'un rôle mineur dans l'issue des conflits. Elles pèsent d'autant moins que les armes sont devenues mille fois plus meurtrières.

CHAPITRE 4

La variole, redoutable alliée des conquistadores

Au cours des siècles, les grandes nations européennes se sont toutes lancées à la conquête de territoires lointains pour édifier des empires coloniaux. Dans cette entreprise, les maladies infectieuses ont œuvré à leur insu, tantôt alliées, tantôt ennemies. Le cas de l'Amérique est emblématique. Les colonisateurs n'ont pas seulement profité d'une supériorité technique sur les populations amérindiennes, forts de leurs armes à feu, de leurs chevaux, de leur maîtrise de l'art de la guerre. Les germes infectieux qu'ils ont apportés avec eux ont entraîné un cataclysme démographique chez les indigènes qui n'avaient jamais été exposés à ces maladies. Ces populations « naïves » ont été tellement décimées que les colons européens en mal de main-d'œuvre ont dû aller la chercher en Afrique.

Il nous est difficile d'imaginer le traumatisme qu'a représenté pour les populations amérindiennes leur contact avec l'Occident, ou de se figurer l'ébahissement des Européens découvrant l'Amérique. Lorsque Christophe Colomb accosta en 1492 sur les côtes de ce qu'il croyait être les Indes occidentales, il découvrit une faune et une flore insolites et des hommes étranges. Il s'agissait réellement d'un Nouveau Monde.

Il n'y avait alors ni cochon, ni chèvre, ni mouton, ni vache, ni cheval... bref, aucune des bêtes qui constituaient déjà la principale source de protéines animales dans le Vieux Monde. En revanche, l'Espagnol trouva les haricots, le maïs, les pommes de terre, les tomates... autant de plantes comestibles qu'il ne connaissait pas et qui vinrent diversifier l'alimentation européenne centrée sur le blé. Ces apports réciproques, l'« échange colombien » cher à l'historien Alfred W. Crosby Junior, se firent au prix de violences, par le sang, le vol et le pillage. Le mot « échange », qui implique un acte volontaire et raisonné, est plutôt mal choisi. Il est plus juste de parler de « catastrophes colombiennes » ou « pillage colombien ». La découverte du Nouveau Monde a été une aubaine pour les États européens, qui l'ont pillé et se sont enrichis sans vergogne.

Les Amérindiens, rappelons-le, sont issus de tribus originaires des steppes d'Asie centrale. Ils sont parvenus en Amérique autour de 18 000 ans avant J.-C., en empruntant le détroit de Béring qui offrait alors un passage à sec. Le seul animal domestique qu'ils amenèrent avec eux fut le chien. Ils ont progressivement peuplé tout le continent de l'Alaska à la Terre de Feu et vécurent cette période en quasi-autarcie, isolés, protégés des invasions et des maladies par les océans Pacifique à l'ouest et Atlantique à l'est.

L'invasion des Européens en 1492 fut d'autant plus rude. Les civilisations inca au Pérou et aztèque au Mexique disparurent. Il n'en reste plus aujourd'hui que de vieux temples rongés par la végétation et quelques villes désertées. Leurs populations ont été exterminées par les conquistadores, ces hommes qu'elles avaient accueillis comme des demi-dieux. Bartolomé de Las Casas, défenseur de la cause amérindienne, a aussi signalé la fragilité constitutive de ce peuple à la peau rouge et aux cheveux noirs et raides : « Ce sont aussi des gens de conformation délicate, fluette et fragile, qui supportent difficilement les travaux et meurent très facilement de n'importe quelle maladie. Les fils de princes et de seigneurs chez nous élevés dans l'aisance et la vie douce ne sont pas plus fragiles qu'eux ». À titre d'exemple, la population aborigène d'Hispaniola estimée à 1,8 million de personnes en 1492 avait complètement disparu en 1535.

La population aztèque décimée au XVIe siècle

Hernán Cortés s'est rendu célèbre pour avoir soumis l'Empire aztèque et ses 25 millions d'habitants en moins de deux ans, et ce à la tête d'une poignée de soldats. Le conquérant espagnol débarqua donc en 1519 sur le continent avec moins de 500 fantassins et 200 esclaves indiens. C'était un homme déterminé, banni alors par les siens et poursuivi par le gouverneur de Cuba, Diego Velázquez de Cuéllar. Sitôt à terre, il fit saborder sa propre flotte pour interdire à ses hommes tout retour en arrière. Il commença par fonder la ville de Vera Cruz, profitant des divisions entre les populations indiennes pour se faire des alliés. Il apprit de la bouche des Mayas l'existence des Aztèques de Mexico. Les premiers contacts eurent lieu avec des émissaires de l'empereur aztèque Moctezuma II. Cortés et ses hommes furent invités dans son palais à Tenochtitlan, l'ancêtre de Mexico. Le 8 novembre 1519, Moctezuma et Cortés y échangèrent des cadeaux. L'Espagnol reçut un calendrier aztèque, un disque artisanal en or et un autre en argent, deux objets précieux qu'il fit immédiatement fondre pour les vendre. Les Aztèques organisèrent des sacrifices humains en l'honneur de leurs invités espagnols, hébergés dans le palais Axayacatl du père de Moctezuma.

Mais la soif d'or de Cortés n'était pas étanchée. Il demanda davantage de précieux métal, ainsi que l'autorisation d'ériger une chapelle dédiée à la Vierge. Toutes ces extravagances furent acceptées par Moctezuma. Les Espagnols vécurent un temps comme des « invités » au palais, tandis que l'empereur aztèque continuait d'administrer son royaume et de faire la guerre à ses ennemis. Ils découvrirent à cette occasion la salle cachée du trésor dans le palais d'Axayacatl. Apprenant que les Indiens s'étaient révoltés à Vera Cruz, Cortés prit son hôte en otage pour assurer sa sécurité. Le conquistador fut alors rattrapé par son passé. Une expédition armée par son rival Velázquez de Cuéllar avait débarqué au Mexique. Cortés partit combattre Cuéllar en laissant Moctezuma sous bonne garde. Les Aztèques alors se rebellèrent. Au retour de Cortés, l'empereur aztèque fut assassiné dans des conditions troubles le 24 juin 1520. Cortés et ses hommes assiégés durent fuir à la faveur d'une nuit baptisée la Noche Triste, tentant en vain d'emporter avec eux le trésor de Moctezuma. L'arrière-garde espagnole fut massacrée par les Aztèques.

En 1521, Cortés revint à Tenochtitlan pour se venger, à la tête d'une armée appuyée par des supplétifs indiens tlaxcaltèques, ennemis des Aztèques. Le siège de la ville dura trois mois et fit 240 000 morts chez les Indiens. L'empereur Cuauhtémoc, le successeur malheureux de Moctezuma, se rendit à Cortés le 13 août 1521. Le vaincu et ses deux vice-rois furent en vain torturés par l'Espagnol, qui voulait savoir où était caché leur trésor. Il brûla vif les pieds de l'empereur, qui en resta estropié. Cortés finit par le faire pendre quatre ans plus tard, mettant ainsi un point final à la dynastie aztèque.

Les récits des conquistadores ne disent rien de l'aide apportée par la variole pendant le siège de la capitale. Or une épidémie se déclara au sein de la population amérindienne, qui n'avait jamais été confrontée à ce virus. « Ils étaient couverts de pustules partout, les visages, les têtes, les thorax étaient couverts de lésions. C'était un vrai chaos. La plupart d'entre eux moururent », écrit l'historien Alfred W. Crosby. Les Indiens succombaient si vite à Tenochtitlan qu'il était impossible de les enterrer tous. Les maisons étaient démolies pour ensevelir les corps, ou ils étaient jetés dans un lac. L'infection sapa la résistance de la population, elle désorganisa la société aztèque et elle acheva de convaincre les Indiens que les Espagnols étaient des êtres supérieurs, protégés du mal que les Indiens attribuaient à la colère divine.

En 1492, on estime qu'il y avait 25 à 30 millions d'Aztèques au Mexique et à peu près autant d'Incas dans les Andes. En 1568, il ne restait plus que 3 millions d'Aztèques, soit une diminution de 90 %. En 1620, ce chiffre tomba à 1,6 million. D'autres maux s'étaient abattus sur les malheureux Indiens aztèques : en 1530-1531 ils furent les victimes de la rougeole, suivie en 1546 par une fièvre suspectée d'être le typhus, puis en 1558-1559 par la grippe.

Tout compte fait, même si dans les manuels la conquête reste associée à Hernán Cortés et sa troupe mercenaire, la capitulation et la disparition de la société aztèque furent surtout liées aux épidémies. Un missionnaire allemand relate que « les Indiens passaient de vie à trépas du simple fait d'un regard un peu trop appuyé, ou à la perception de la simple odeur d'un Espagnol ». À cette époque où on ignore encore tout des mécanismes de contagion, la transmission par les Européens de leurs germes aux Amérindiens « naïfs » fut un désastre.

La défaite des Incas précipitée par la variole

L'histoire se répète quand Fernando Pizarro soumet l'Empire inca, entre 1531 et 1532. Avec moins de 180 soldats, le conquistador met à genoux un empire plus structuré socialement et plus fort militairement que l'Empire aztèque.

Le 15 novembre 1532, Pizarro demande à rencontrer pacifiquement l'empereur inca Atahualpa à Cajamarca, au cœur du

Pérou. Pour impressionner l'étranger, Atahualpa, porté sur une litière d'or, se présente entouré d'une foule de soldats désarmés, de danseurs et de nobles. Pizarro donne alors l'ordre d'attaquer. Les soldats espagnols à cheval massacrent ces milliers d'Indiens désarmés et apeurés et capturent l'Inca. Ce dernier paie à Pizarro une rançon de 6 tonnes d'or pour recouvrer sa liberté, mais Pizarro le fait exécuter. Il proclame alors comme nouvel empereur Topa Hualpa, le frère cadet de Huáscar et d'Atahualpa.

Or cette histoire de trahison et de parjure n'aurait pu aboutir sans le concours de la variole, qui s'était diffusée depuis les terres aztèques. Autour de 1527, elle avait déjà fait des ravages dans la population inca et éliminé l'empereur, sa sœur, son oncle, son frère, son fils, une large partie de la classe dominante et des milliers de soldats. La défaillance de la famille régnante fracture l'empire. Huáscar, un autre fils de l'empereur défunt, profite de cette vacance pour s'emparer du pouvoir à Cuzco et faire arrêter son concurrent Atahualpa. Mais Atahualpa s'échappe ! En 1532, les conquistadores découvrent donc une société inca fragilisée, en pleine guerre civile. Pizarro lui-même avoua que la chute de l'Empire inca eût été impossible sans cette guerre de succession provoquée... par la variole.

Les Indiens d'Amérique du Nord frappés par les infections

La conquête de l'Amérique du Nord s'est faite bien après celle de l'Amérique centrale. Plusieurs expéditions en Floride échouèrent, comme celle de Pánfilo de Narváez entre 1527 et 1536, racontée par Álvar Núñez Cabeza de Vaca, ou celle d'Hernando de Soto entre 1539 et 1543 entre la Floride et le bassin du Mississippi. Le continent resta donc largement inexploré jusqu'au XVIIe siècle. Un siècle après la funeste épopée de Cortés au Mexique où il avait été si bien épaulé par la variole, le même scénario se reproduisit en Amérique du Nord. Des Français avaient établi en 1616 une tête de pont au Canada, la ville de Port-Royal en Nouvelle-Écosse. Elle fut l'origine d'une épidémie probablement virale qui affaiblit les tribus de la baie du Massachusetts. En 1633, une autre épidémie frappa les Indiens, confortant les colons européens dans l'idée que la Divine Providence œuvrait en leur faveur. Ces infections firent disparaître les civilisations amérindiennes du bassin du Mississippi, dont il ne reste quasiment aucune trace : 56 millions de *Native Americans* ont péri, soit plus de 90 % de la population amérindienne. Les maladies infectieuses ont évidemment joué un rôle majeur dans cet holocauste. Le processus s'est répété au XXe siècle en Amazonie. Les contacts récents des tribus de la forêt avec le monde extérieur ont parfois abouti à l'élimination de plus de 75 % de leurs membres, protégés jusque-là par leur isolement.

La contamination du Nouveau Monde par la variole prit du temps. L'incubation était de dix jours et la durée de l'infection jusqu'à la guérison complète s'étalait sur deux semaines. À l'époque de Christophe Colomb, la traversée transatlantique durait environ cinq semaines. Quand un matelot infecté par la variole embarquait sur une caravelle il avait le temps de mourir en mer ou de guérir définitivement. La majorité de l'équipage était protégée par son immunité naturelle induite par une infection acquise dans l'enfance. La durée de la traversée jouait donc le rôle d'une période de quarantaine temporaire. Cela explique pourquoi la variole ne débarqua pas immédiatement avec Colomb en 1492, mais vingt-six ans plus tard, par un malheureux hasard, avec un esclave africain infecté débarqué à Hispaniola en 1518. En effet, la route de l'Afrique de l'Ouest aux Caraïbes était plus courte que celle de l'Espagne aux Caraïbes. Il n'avait donc pas eu le temps de guérir – ou de mourir. La variole toucha le continent au Costa Rica autour de 1520, à temps pour soutenir la funeste entreprise des conquistadores.

La variole produit une éruption de pustules si caractéristique que les commentateurs ne peuvent s'y tromper quand ils la décrivent. Mais il y eut probablement de multiples maladies importées aux Amériques, dont les descriptions médicales de l'époque restent difficiles à interpréter. La rougeole notamment, une autre maladie virale nouvelle, a dû aussi participer à la catastrophe démographique.

CHAPITRE 5

L'expansion coloniale française compromise par la fièvre jaune

L'éradication des populations indiennes a obligé les colonisateurs européens à aller chercher la main-d'œuvre ailleurs, en Afrique. Ainsi s'est mis en place le commerce triangulaire entre l'Europe d'où partaient les navires chargés de pacotille, les côtes africaines où les cargaisons étaient échangées contre des esclaves noirs et les plantations des colonies en Amérique où ils étaient vendus. Outre l'héritage empoisonné qu'elle a laissé dans la population américaine, la traite négrière a amené au Nouveau Monde le paludisme et la fièvre jaune, des maladies de la zone tropicale humide.

Le moustique, les tessons et le sucre

Identifiée pour la première fois en Amérique lors d'une attaque inaugurale majeure entre 1647 et 1652, la fièvre jaune fut baptisée *vomito negro* (vomi noir) par les Espagnols, fièvre amaril ou mal des matelots par les Français, *yellow jack* par les Anglais, ou même peste américaine, ce qui était une erreur totale. En effet, l'analyse génétique ne laisse aucun doute : le virus n'est pas américain. Comme la peste, il est une conséquence de l'ouverture de nouvelles voies commerciales. Cette maladie propagée par les échanges y a gagné son nom : le *yellow jack* était le pavillon hissé au mât des navires quand un cas de fièvre jaune se déclarait à bord.

La fièvre jaune est une zoonose, une maladie partagée par l'homme et l'animal. Le virus a émergé il y a 1 500 à 3 000 ans chez les grands singes de la forêt tropicale, en Afrique de l'Est. Comme la transmission se fait par le moustique, il faut que les hommes et les singes vivent à proximité les uns des autres. L'infection commença à se répandre il y a 300 ans en Afrique de l'Ouest, avant qu'elle s'invite à bord des navires négriers cinglant vers l'Amérique. Le couple infernal formé par le virus et son vecteur (dénommé *Aedes aegypti*) voyagea à fond de cale avec les esclaves. Les conditions à l'arrivée lui étaient favorables. Il prospéra.

Rappelons-le : le virus ne survit que par le miracle de la coexistence, fort fréquente, des moustiques et des hommes. Pour perpétuer le cycle, il faut que la jeune moustique femelle *Aedes* infectée – seule la femelle pique – trouve rapidement, car elle ne vit que quelques semaines, du sang humain. Elle peut piquer plusieurs fois. Il faut que le sang du receveur soit vierge, car si le moustique injecte le virus à une personne immunisée parce qu'elle a déjà été contaminée, le cycle de transmission du virus est bloqué. La diffusion de la maladie est donc déterminée par deux facteurs : les caractéristiques du moustique – il faut qu'il soit infecté – et la présence d'une population réceptive « naïve ». La femelle *A. aegypti* se reproduit dans des réservoirs d'eau stagnante. Elle vit dans un rayon de 300 mètres autour de son lieu d'éclosion. Sauf bien sûr quand elle est embarquée à bord d'un navire – ou d'un avion aujourd'hui. Elle a besoin de chaleur et d'eau, tous les deux ou trois jours.

Au XVIIe siècle, toutes ces conditions étaient réunies dans l'archipel des Caraïbes. Dès 1640, les colons hollandais avaient développé à la Barbade la production de canne à sucre, dans le cadre d'un nouveau type d'exploitation agricole : la plantation. Les populations indiennes ayant été éradiquées par les efforts conjoints de la variole et des Espagnols, les colons eurent recours aux populations africaines. L'économie sucrière reposait donc sur trois piliers : les esclaves comme main-d'œuvre, la plantation comme unité de production et la cité portuaire comme infrastructure d'exportation. Elle entraîna une destruction majeure de l'environnement de dizaines d'îles et de leurs basses terres. Les témoins de l'époque décrivirent à leur arrivée des forêts primaires denses et inhospitalières. En 1631, sir Henry Colt visitant la Barbade déplorait « une île tellement couverte de bois et de forêt qu'il n'est pas possible de trouver une once d'espace libre pour entraîner quarante mousquetaires ». Mais il faut défricher pour planter de la canne et couper du bois de chauffe pour raffiner le sucre. La déforestation commence. En 1647, les îles sont encore couvertes à 60 % par la forêt. En 1650, les conseils municipaux tentent en vain de limiter les coupes. En 1665, le mal est fait, il n'y a plus un arbre. Un an plus tard, la Barbade importe du bois. En 1671, il faut recourir au charbon anglais pour le raffinage de la canne à sucre. En moins de vingt ans, les Caraïbes ont perdu leur forêt primaire. L'érosion des sols s'accélère et la faune disparaît. Partout, la canne a remplacé l'arbre. Dans les plantations, les conditions favorisent le fameux moustique migrant *Aedes*, qui se multiplie à loisir puisqu'il y a moins d'oiseaux prédateurs.

Les plantations deviennent des incubateurs pour les larves. Aux XVIIe et XVIIIe siècles, le raffinage du sucre se faisait sur place, en utilisant des pots en argile. Une petite plantation en avait besoin de centaines. Une grosse plantation en utilisait des dizaines de milliers. Ces pots restaient vides, sauf pendant les trois à quatre mois suivant la récolte. Beaucoup finissaient cassés, car ils étaient fragiles. Ces tessons d'argile formaient des réceptacles pour l'eau de la pluie, idéals pour les larves d'*A. aegypti*. Les plantations produisaient donc à la fois des tonnes de sucre et de gros nuages de moustiques qui trouvaient sur place toute la nourriture – le sang humain des esclaves – dont ils avaient besoin. On l'a vu, la femelle moustique ne peut se passer de sang pour ovuler et se reproduire. Or précisément la croissance démographique était forte. Alors que la population des Caraïbes s'était effondrée après 1492 – en 1640, elle comptait au mieux 200 000 âmes –, en 1800 elle dépassait 2 millions. Autre heureuse coïncidence, l'*A. aegypti* adulte se nourrit aussi de sucre. Plus les liquides sont sucrés, mieux il se développe. Après 1640, il y avait donc aux Caraïbes de plus en plus de sucre à goûter, de plus en plus d'êtres humains à piquer et de plus en plus de récipients en argile pour croître et se multiplier.

Le virus est pourtant fragile. Sa circulation dépend d'un cycle de transmission précaire. Il faut qu'il y ait assez de moustiques pour véhiculer le virus d'une personne à une autre. L'homme est malade sept à dix jours, après quoi soit il est mort, soit il est immunisé. Son sang n'est contagieux que trois à six jours. On mesure les contraintes ! Le moustique doit piquer un hôte sain, et celui-ci, une fois malade, doit être repiqué pendant le temps où il est contagieux par un autre moustique.

En 1647, après trente ans de trafic d'esclaves, d'immigration anarchique d'Européens attirés par l'espoir de faire fortune, de déforestation... et l'implantation réussie et durable d'*A. aegypti*, toutes les conditions d'une épidémie étaient réunies. Le phénomène d'oscillation climatique El Niño fut le détonateur*. La conflagration « fièvre jaune » toucha d'abord l'île de la Barbade, tuant 5 000 à 6 000 personnes, soit 1 habitant sur 7. Richard Ligon qui y débarqua au plus fort de l'épidémie déclara que

---

* En jouant sur la pluie et la chaleur, El Niño permet de produire les conditions optimales de reproduction du moustique.

« les vivants pouvaient tout juste enterrer les morts ». Il poursuivit son voyage en Guadeloupe, à Cuba, Curaçao, au Yucatán, en Floride, et dans tous les ports où il débarqua la fièvre jaune avait éliminé entre 20 et 50 % de la population. Chez les colons blancs venant d'Europe, la mortalité de la fièvre jaune a tourné autour de 80 %. Un chiffre effroyable. En revanche, dans les populations adultes d'origine africaine exposées dès l'enfance au virus, elle était inférieure à 15 %. La fièvre jaune induisit donc un fort déséquilibre entre les maîtres et les esclaves.

Un mal impossible à éradiquer

Après l'épidémie majeure de 1647-1652, il y eut un court répit, mais le virus continua de se diffuser à bas bruit dans les Amériques. Il réapparut en 1690. Par la suite, pendant plus de 200 ans, la fièvre jaune flamba régulièrement sur le continent, transmise par la voie des mers, touchant des ports très au sud comme Montevideo, en Uruguay, ou Tocopilla au Chili, et remontant au nord jusqu'à Québec.

Les Américains en avaient particulièrement peur et surveillaient la fièvre jaune comme le lait sur le feu. Entre 1668 et 1870, New York connut au moins 25 épidémies. Des villes comme Philadelphie en 1793, Memphis en 1878 ou Charleston n'étaient pas en reste. Philadelphie perdit 10 % de sa population. Les peurs et l'ignorance du mode de transmission entraînèrent les comportements les plus fous. On vit des patients frissonnants abandonnés dans la rue par leur propre famille qui craignait la contagion. En 1878, dans la vallée inférieure du Mississippi, 20 000 personnes moururent et les pertes économiques s'élevèrent à près de 200 millions de dollars de l'époque. En 1898, on recensa plus de 14 000 cas et 4 000 décès à La Nouvelle-Orléans. C'est encore dans cette ville que se déclara, en 1905, le dernier foyer connu en Amérique du Nord.

L'Europe ne fut pas épargnée. La première épidémie documentée à Cadix, en Espagne, fait plus de 200 morts. À Barcelone en 1821, on déplore 15 000 à 20 000 décès. En 1826, la fièvre jaune file au nord, elle s'installe brièvement à Dublin en Irlande et à Swansea au pays de Galles. Elle fait aussi quelques courtes incursions en France dans les ports de Saint-Nazaire, du Havre et de Marseille.

De nos jours, la fièvre jaune s'est retirée dans son berceau natal africain et en Amérique du Sud, dans le bassin amazonien. Un vaccin a été découvert en 1927. Mais l'infection virale ne peut disparaître complètement, puisqu'elle reste une zoonose. Son réservoir chez les grands singes ne peut donc être éradiqué. Plus de 60 000 personnes contractent la maladie chaque année, en Afrique subsaharienne et en Amérique du Sud. Entre 2016 et 2018 une nouvelle épidémie a touché plus de 2 000 personnes et fait 500 victimes au Brésil. La Guyane limitrophe est un département endémique. Des cas isolés provenant du Brésil y ont été observés. La vaccination y est toujours obligatoire. Depuis 2016, la fièvre jaune est considérée par l'OMS comme une maladie réémergente.

Par l'ampleur et le nombre des épidémies, la difficulté à comprendre sa transmission et les déséquilibres qu'elle a introduits entre les colons européens qui développaient la maladie et les esclaves noirs ou les autochtones plus résistants, la fièvre jaune a eu des répercussions majeures sur l'histoire coloniale. Saint-Domingue en est une autre illustration.

L'échec de Saint-Domingue

Au XVIIIe siècle, la France comptait plusieurs colonies dans le Nouveau Monde. « La perle des Antilles » était l'une des plus prospères. L'île avait été découverte par Christophe Colomb en 1492 et baptisée Hispaniola, ce qui signifie « petite Espagne ». La partie occidentale passée sous domination française à la fin du XVIIe siècle s'est alors appelée Saint-Domingue, avant de prendre plus tard le nom de Haïti.

À la veille de la Révolution française, Saint-Domingue était le premier producteur mondial de sucre et de café. La population de 500 000 habitants était composée à 90 % d'esclaves noirs. Les 10 % restants se partageaient entre 30 000 métisses libres, les « gens de couleur », et 40 000 Français venus de la métropole. La répartition des richesses était fonction de la couleur de la peau, bien qu'il y eût des exceptions, des Blancs pauvres et des « gens de couleur » propriétaires d'esclaves. L'espérance de vie était faible. La croissance démographique était uniquement liée à l'importation d'esclaves. Mais ceux-là, qui avaient survécu aux effroyables conditions d'une traversée de l'Atlantique à fond de cale, vivaient moins de dix ans une fois arrivés sur l'île. Les registres paroissiaux révèlent que les « gens de couleur » avaient paradoxalement l'espérance de vie la plus forte, presque deux fois celle des Blancs fraîchement débarqués, qui mouraient de malaria et de fièvre jaune.

L'étincelle qui mit le feu aux poudres fut l'écho de la lointaine révolution en métropole. Le 14 août 1791, des esclaves se révoltèrent dans le nord de l'île. Ce soulèvement déclencha des discussions vives à l'Assemblée législative, à Paris. L'esclavage était par trop contraire aux principes de la Déclaration universelle des droits de l'homme. Après des années de troubles qui affaiblirent le pouvoir français sur l'île, marqués par des rébellions sévèrement réprimées, l'Angleterre et l'Espagne cherchèrent à reprendre Saint-Domingue en 1793, tandis que la révolution continuait en France. Le 4 février 1794, au palais des Tuileries, à Paris, sous l'impulsion de l'abbé Grégoire, la Convention vota l'abolition de l'esclavage. C'est alors que Toussaint Bréda, plus connu sous le nom de Toussaint Louverture, ancien esclave affranchi, déjà remarqué par les Espagnols pour ses talents d'organisateur, rejoignit le camp français. Toussaint reconquit l'île en confirmant cette abolition. En 1795, il fut élevé au grade de général par la Convention. En 1796, il devint lieutenant général de Saint-Domingue. En 1798, il bouta définitivement les Anglais hors de la colonie, puis les Espagnols en 1801. Fort de sa victoire, le lieutenant général Toussaint Louverture promulgua une Constitution qui lui donnait les pleins pouvoirs à vie et qui fondait l'autonomie de l'île.

À Paris, après son coup d'État du 18 Brumaire, un autocrate était arrivé au pouvoir : Napoléon Bonaparte. Le Premier Consul ne pouvait tolérer un tel acte de sédition. Il décida d'envoyer son beau-frère Charles-Victoire Leclerc mater la révolte. Sur le papier, le corps expéditionnaire en imposait : une armée de plus de 30 000 hommes dont des Polonais et des Hollandais, embarqués sur 21 frégates et 35 navires de ligne. Une première sur le plan militaire. Les instructions de Bonaparte étaient de reconquérir l'île et d'y rétablir l'esclavage. Le corps expéditionnaire débarqua en février 1802. En avril, après des combats sanglants, l'armée tenait déjà toute la côte. Le 2 mai, Toussaint Louverture déposa les armes et se retira sur ses terres. Napoléon fit voter le 20 mai 1802 le rétablissement de l'esclavage. En juin, le lieutenant général fut capturé par la ruse, puis déporté en France où il mourut. Mais une épidémie de fièvre jaune s'était déjà déclarée parmi les Français. En moins de deux mois, le corps expéditionnaire perdit plus de 15 000 hommes. En août, les insurgés lancèrent une révolte générale. En novembre, Leclerc, qui s'était réfugié sur l'île de la Tortue pour échapper à la fièvre, contracta lui aussi le mal mortel et succomba. Les Français furent finalement vaincus à la bataille de Vertières par le général insurgé Dessalines qui avait remplacé Louverture. En décembre 1803, des 30 000 hommes débarqués deux ans plus tôt, il ne restait que 8 000 survivants hagards, décimés par la fièvre jaune, qui abandonnèrent la colonie. Le 1er janvier 1804, Dessalines proclama l'indépendance de Haïti, devenant ainsi le deuxième État du continent américain à le faire après les États-Unis. « L'établissement de la république de Haïti, bien qu'attribuée au génie de Toussaint Louverture, a été une conséquence de la fièvre jaune », a résumé l'épidémiologiste américain Hans Zinsser.

La vente de la Louisiane

La défaite de Haïti fut lourde de conséquences pour la présence française en Amérique. Bonaparte avait conclu en 1800 à San Ildefonso un traité secret avec l'Espagne pour reprendre la main sur ce qu'on appelait alors « Louisiane ». Cet immense territoire de plus de 2 millions de kilomètres carrés, soit 22 % de la surface des États-Unis, dépassait largement les limites actuelles de l'État de la Louisiane. Il comprenait le bassin du fleuve Mississippi, s'étendait à l'ouest vers les Grandes Plaines et allait jusqu'au Canada où il englobait une partie du bassin-versant du Missouri*. Et, bien entendu, cette Louisiane incluait la ville de La Nouvelle-Orléans.

---

* Ce territoire débordait sur l'Arkansas, le Missouri, l'Iowa et le Minnesota actuels, des portions du Montana, du Wyoming et une partie du Colorado, au sud-ouest des parties du Nouveau-Mexique, du Texas, de l'Oklahoma,

Sur cet espace si vaste aux limites floues, la présence française se limitait à quelques trappeurs dans le Nord, qui commerçaient avec les Indiens, et des troupes stationnées à La Nouvelle-Orléans, à l'embouchure du Mississippi. Celles-ci permettaient de contrôler les échanges commerciaux le long du Mississippi, l'unique axe commercial. Or la culture du coton venait d'être bouleversée par la mise au point de l'égraineuse à coton d'Eli Whitney. Les entrepreneurs américains avaient besoin d'un débouché commercial pour l'exportation.

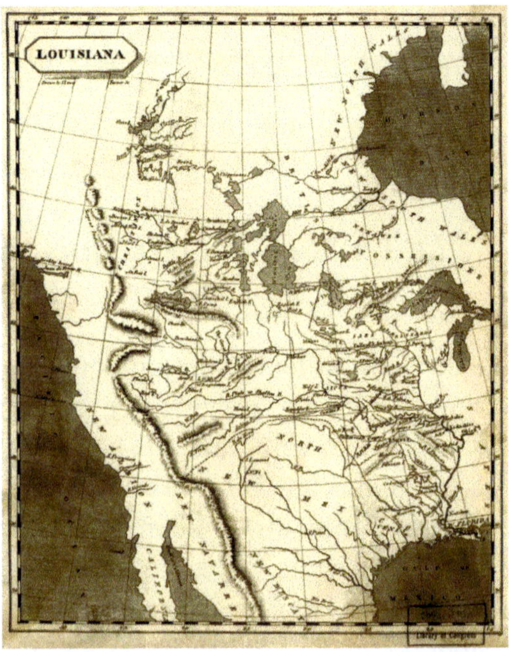

Figure 5. Carte de la Louisiane datant de 1804 par Samuel Lewis (vers 1753-1822) (source : Geography and Map, division de la Bibliothèque du Congrès des États-Unis).

---

du Kansas et, à l'est du fleuve Mississippi, des parties du Dakota du Nord, du Dakota du Sud et du Nebraska. Au Canada, le territoire incluait des parties du Manitoba, du Saskatchewan et de l'Alberta.

Ils avaient négocié pour La Nouvelle-Orléans un statut de ville franche. Mais le président Thomas Jefferson trouvait plus sûr d'acheter la ville pour assurer l'accès des Américains au Mississippi. Il envoya deux émissaires négocier à Paris. Les deux diplomates commencèrent par essuyer un refus poli, mais l'échec de l'expédition à Haïti et les problèmes qu'il avait avec les Anglais obligèrent Bonaparte à reconsidérer sa décision. Il abandonna son rêve d'Empire français au Nouveau Monde, dans lequel Saint-Domingue n'était qu'une première étape, une sorte de coin enfoncé dans le continent nord-américain pour mettre en échec les Anglais. De son côté, Jefferson relança les négociations grâce à ses relais francophiles, notamment Pierre Samuel du Pont de Nemours. Le 11 avril 1803, le ministre français du Trésor proposa officiellement de vendre non seulement La Nouvelle-Orléans, mais toute la Louisiane aux Américains. Cela permettait à Napoléon de s'assurer en outre que les Anglais n'y reviendraient plus. C'est ainsi que fut bradé aux États-Unis, au prix modique de 15 millions de dollars (80 millions de francs à la valeur de l'époque), soit moins de 7 dollars le kilomètre carré, le lointain et inhospitalier territoire dit « de la Louisiane ».

Avec la perte de Saint-Domingue et la vente d'un territoire grand comme le quart des États-Unis, la France abandonnait définitivement l'idée de jouer un rôle majeur sur le continent américain. Ces deux événements, conséquents l'un de l'autre, sont liés à une épidémie dévastatrice de fièvre jaune.

Après les échecs de Saint-Domingue et de la Louisiane, le percement par les Français du canal de Panama en Amérique centrale entre 1882 et 1889 fut une funeste pantalonnade. La fièvre jaune fit officiellement près de 6 000 morts parmi les ouvriers qui participaient à ce projet pharaonique. En réalité trois fois plus. La France lâcha l'affaire, en partie à cause de cette saignée. Elle dut se rabattre sur les seuls départements et territoires qu'elle possédait encore outre-Atlantique.

Le pays des fièvres

Il avait fallu moins d'un siècle à l'Europe pour boucler la conquête de l'Amérique. Elle en mit plus de quatre à coloniser l'Afrique, pourtant plus proche, alors qu'elle disposait de meilleurs moyens techniques. Deux maladies l'ont empêchée : la fièvre jaune et la malaria (ou paludisme). L'Afrique noire était le « tombeau de l'homme blanc » et le « rivage de la mort ».

Les médecins ont eu bien du mal à comprendre comment ces maladies se transmettaient. À l'aube du XXe siècle, Ronald Ross avec l'armée coloniale anglaise en Inde identifia enfin le coupable du paludisme : *Anopheles quadrimaculatus*. Et Walter Reed réussit à désigner celui de la fièvre jaune, *Aedes aegypti,* quand il était à Cuba auprès de l'armée américaine qui y était stationnée après la guerre hispano-américaine.

Le risque infectieux a rendu la conquête coloniale de l'Afrique beaucoup plus hasardeuse. Au Sénégal, par exemple, au XIXe siècle, le pays avait la réputation d'être insalubre. Autour de 1880, dans les garnisons françaises sur le fleuve éponyme, la mortalité de la fièvre jaune s'élevait à 40 %. Les épidémies touchaient souvent des individus jeunes et en bonne santé sans distinction de statut social : les familles aisées étaient autant frappées que les habitants des taudis. Mais les populations autochtones semblaient particulièrement protégées alors que la mortalité était effroyable chez les colons. On parlait de miasme, de mauvais air – *mal aria* –, à l'origine du mot « malaria » pour désigner le paludisme.

En l'absence de données scientifiques fiables sur la nature de l'agent et le mode de transmission, les vieilles idées prépasteuriennes circulent encore. L'épidémie de 1878 laisse de mauvais souvenirs. Sur l'île de Gorée, tristement célèbre pour avoir servi d'« esclaverie » pour le commerce triangulaire, une garnison militaire est en poste depuis l'abolition de l'esclavage. Plus du quart des effectifs y décède de fièvre jaune cette année-là. Une statue y rappelle aujourd'hui le sacrifice des médecins militaires victimes de la fièvre amaril.

Une mortelle démonstration

L'énigme de la transmission de la fièvre jaune fut résolue ailleurs, en Amérique sévèrement touchée tout au long du XIXe siècle. L'idée que les moustiques puissent transmettre le virus est suggérée par Josiah Clark Nott en 1848.

Le gouvernement des États-Unis avait décidé de mettre en place à Cuba, à l'époque territoire colonial américain, une commission d'enquête sur cette fièvre ravageuse. Elle s'intéressa rapidement au mode de transmission de la maladie. Un médecin cubain, Carlos Juan Finlay, considéré comme un monomaniaque peu crédible, d'où son surnom de Mosquito Man, avait repris en 1881 l'hypothèse qu'un moustique commun, anthropophile, soit en cause. En 1900, afin de prouver le bien-fondé de cette explication, et en l'absence de modèle animal, Walter Reed, un médecin militaire américain, décide d'expérimenter directement sur l'homme, une entreprise à risque compte tenu de la dangerosité de la maladie. L'équipe médicale commence par faire ces tests sur elle-même avant de recourir à des volontaires. Le docteur Finlay fournit des œufs de moustique. Ils sont ensuite nourris sur des malades, puis mis en présence des cobayes humains dans l'espoir que ces derniers contractent une forme atténuée de fièvre jaune. La méthodologie de Reed est très rigoureuse et la démonstration, parfaitement découpée. Il écarte d'abord les vieilles théories en isolant des volontaires dans des petites maisons de bois où ils passent trois semaines, exposés à des déchets infectés : draps, oreillers et couvertures maculés de sang, vomissures et urines. Aucun cas de fièvre jaune ne se déclare, ce qui prouve l'existence d'un autre mode de transmission que les miasmes. Il reste à le découvrir.

L'équipe de Reed passe alors à la deuxième étape : démontrer la possibilité d'infection par le biais du sang. Or celui de patient contaminé gardait son pouvoir infectant après être passé à travers un filtre arrêtant les bactéries. Reed montre enfin que des moustiques nourris sur des malades gardent le pouvoir de transmettre le virus. Un de ses assistants, le docteur Jesse Lazear, se laisse dévorer par des moustiques nourris préalablement sur le sang de plusieurs malades. Après avoir observé les insectes à l'œuvre sur la peau de son bras, il note précautionneusement « piqûre du cobaye humain n° 1 » sur son cahier de laboratoire. Puis il retourne travailler. Quelques jours après, il tombe malade. La démonstration est faite, mais à quel prix ! Après plusieurs jours d'atroces souffrances, il décède de l'infection qu'il s'est lui-même laissé injecter.

Les découvertes de Walter Reed et de son équipe furent efficaces. Les autorités militaires décidèrent de porter leurs efforts non pas sur la décontamination des murs et du mobilier mais sur l'éradication du moustique vecteur *A. aegypti*. Ces mesures, prises de manière autoritaire sous loi martiale, eurent des résultats spectaculaires : en 1901 moins de 20 personnes périrent de fièvre jaune à Cuba.

Au XXe siècle, l'école pasteurienne qui a essaimé à travers le monde, notamment à l'Institut Pasteur de Dakar, isole le virus. En 1934, Jean Laigret met au point un premier vaccin atténué contre la fièvre jaune. Ce vaccin posait des problèmes car il n'était pas totalement avirulent chez l'homme. Plusieurs personnes décèdent de complications vaccinales, suscitant la méfiance des populations. En 1939, le vaccin de Laigret est amélioré par Pelletier et Durieux à l'Institut Pasteur de Dakar.

La malaria, une maladie parasitaire, eut moins de conséquences sur l'histoire de l'Amérique. Elle était moins virulente et touchait surtout les zones rurales. Certes, la malaria a toujours été un problème lancinant pour les colons français en Afrique, pour les Britanniques en Inde, mais le recours aux extraits de quinine en prévention ou en traitement rendait la maladie bien plus supportable.

CHAPITRE 6

Des histoires de voyages

L'homme a toujours voyagé, et avec lui les maladies qui l'affectaient. Quand il a quitté son berceau africain, il y a plus de 60 000 ans, pour découvrir le continent européen, il a emporté, tapis dans le secret de ses cellules, des germes comme la tuberculose ou *Helicobacter pylori*, l'agent de l'ulcère de l'estomac, auxquels se sont ajoutés ceux qu'il a rencontrés en chemin, la variole, le choléra, la grippe ou la peste. Au début de cette préhistorique épopée, il allait à pied et dormait à la belle étoile. Puis il monta sur un cheval, et avança plus vite. Il construisit un bateau, lui mit une voile et gagna d'autres continents. Il inventa des moyens d'accélérer ses déplacements. Ce furent le train, la voiture, l'avion. Et les maladies infectieuses l'ont suivi et se sont répandues, au gré de ses déplacements.

La peste à bord du Grand Saint-Antoine

Le port, comme son nom l'indique, est une porte d'entrée dans un pays, empruntée par les hommes, les biens… et les maladies. Marseille connut en 1720 une épidémie de peste liée au scandale du *Grand Saint-Antoine*, un trois-mâts affrété par des armateurs marseillais pour le commerce d'étoffes précieuses. Le 22 juillet 1719, le *Grand Saint-Antoine* met les voiles pour le Levant, une zone endémique de peste à l'époque. La première partie du voyage se déroule sans encombre. Les étoffes dont la valeur totale dépasse les 100 000 écus sont négociées et embarquées par l'habile capitaine Jean-Baptiste Chataud. Au retour, une tempête oblige le navire à mouiller à Tripoli, au Liban, où il embarque des passagers dont un premier meurt le 5 avril 1720. Son cadavre est jeté à la mer. D'autres passagers tombent malades, mais le capitaine n'y prête pas attention. Le vaisseau perd successivement cinq matelots et le chirurgien de bord. Le capitaine fait escale à Chypre, où il prend une patente de santé, c'est-à-dire un certificat de non-contagion. Il mouille un moment au large de Toulon, probablement pour prendre des instructions de l'armateur, avant de faire demi-tour en direction de l'Italie. Un huitième marin est infecté peu avant l'arrivée à Livourne. Les autorités italiennes inspectent le cadavre sans identifier la peste, gardent le navire à distance, mais le laissent repartir avec une patente.

Le 27 mai 1720, le *Grand Saint-Antoine* se présente devant Marseille. Le capitaine produit ses patentes de santé, sans pouvoir nier les décès qu'il a eus à bord. Le navire est alors placé en quarantaine aux îles du Frioul. Un mousse meurt quelques jours plus tard. Mais voilà que les propriétaires de la cargaison s'impatientent. Ils font jouer leurs relations. Les échevins de Marseille interviennent pour lever la quarantaine, car la foire de Beaucaire où les étoffes doivent se vendre débute le 22 juillet. Le 3 juin le navire est autorisé à se rapprocher des infirmeries d'Arenc, un quartier de Marseille, pour y débarquer sa précieuse marchandise… Avec elle, la peste entre dans la ville. Les quartiers déshérités de Marseille, les plus anciens, sont les premiers touchés. La peste gagne rapidement toute la cité où elle fait entre 30 000 et 40 000 morts sur 80 000 à 90 000 habitants que compte la cité phocéenne. Près de la moitié de la population ! Les cadavres s'empilent dans les fosses communes.

Figure 6. *Scène de la peste de 1720 à la Tourette (Marseille)*, tableau de Michel Serre (musée Atger, Montpellier/source : Wikimedia Commons).

Le 28 juillet, face à la situation sanitaire catastrophique, le régent Philippe d'Orléans donne l'ordre de brûler le *Grand Saint-Antoine* et le reste de sa cargaison. L'ordre n'est exécuté que le 25 septembre. Entre-temps, la peste s'est déjà échappée en Provence et en Languedoc. Elle se répand le long des voies commerciales et fait entre 90 000 et 120 000 victimes sur une population estimée à 400 000 habitants. Elle n'est totalement éradiquée qu'en janvier 1723.

La grippe sur le Leviathan

L'épidémie de grippe espagnole est émaillée d'épisodes plus tragiques les uns que les autres. Celui-ci est resté dans les annales, car il marque l'importation du virus en Europe.

Le 19 septembre 1918, le plus grand transatlantique de l'époque, le *Leviathan,* quitte le port de Hoboken dans le New Jersey, en face de l'île de Manhattan, pour Brest. En plus de l'équipage, il a embarqué 9 000 soldats qui vont grossir les troupes alliées engagées contre l'ennemi allemand. À peine le navire a-t-il dépassé l'Upper Bay de New York que déjà les premiers cas de grippe se déclarent à bord. Quand le paquebot atteint les côtes françaises, 90 soldats en sont déjà morts. Leurs corps ont été jetés à l'eau pendant le trajet. Plus de 2 000 autres sont infectés, et le personnel soignant à bord est débordé. Les infirmières marchent dans le sang et les vomissures pour accéder aux malades des couchettes supérieures. Faute de place en cabine, les patients sont installés sur le pont, transformé en mouroir. Une vision d'apocalypse, selon les témoins. Ce scénario catastrophe se répète chaque fois que la grippe s'invite à bord d'un navire. Qu'il fasse relâche dans un port, et l'épidémie s'y propage...

Le Covid-19 sur le Diamond Princess

De nos jours, les navires ne servent plus qu'exceptionnellement pour les traversées transocéaniques. Ils ont été reconvertis en bateaux de croisière pour le transport de riches sédentaires en mal d'exotisme. Le *Diamond Princess* était un bâtiment construit par les chantiers navals Mitsubishi à Nagasaki. Après qu'un incendie s'est déclaré en 2002 dans la galerie d'art, qui a gravement endommagé les superstructures, c'est finalement son *sister ship,* initialement prévu pour devenir le *Sapphire Princess,* qui reçoit le nom de baptême de *Diamond Princess* en 2004. Son armateur, la compagnie Princess Cruise, le destine à croiser dans le Pacifique. Il passe à la postérité avec l'émergence du Covid-19.

L'histoire débute fin janvier 2020. Lors d'une croisière en mer de Chine, un octogénaire présentant des symptômes suspects est débarqué à Hong Kong. Il est testé positif au SARS-CoV-2. Lorsque la nouvelle tombe, le *Diamond Princess* a déjà mis le cap sur le Japon. À l'escale le 1er février, le navire est placé en quarantaine temporaire à Naha, sur l'île d'Okinawa. Le 3 février, puisque aucun cas nouveau n'est signalé, le commandant de bord reçoit l'autorisation de lever l'ancre. Mais une fois en mer, 10 passagers semblent atteints par le Covid-19. Une certaine confusion règne à bord. Les autorités sanitaires ne donnent pas l'impression de mesurer l'importance de l'épidémie dans cette configuration inédite d'un paquebot. Dès le lendemain, 10 cas supplémentaires sont identifiés.

Le 5 février 2020, le navire est placé en quarantaine dans le port de Yokohama. Les 3 711 passagers et membres d'équipage sont retenus en observation et confinés quatorze jours dans leur cabine.

Le nombre de malades ne cesse de grimper. Le 9 février 2020, ils sont 70, puis 135 le lendemain. Le 13 février, on en compte 218.

Les autorités sanitaires japonaises laissent les États étrangers rapatrier leurs ressortissants. Le 17 février, les Américains affrètent un avion pour ramener leurs croisiéristes aux États-Unis. Le 19 février, alors que les retours se poursuivent, plus de 600 personnes sont désormais atteintes à bord. Le confinement et les autres mesures prises sont critiqués, car le système de ventilation n'a pas été coupé dès que les premiers cas ont été repérés, ce qui a pu faciliter la diffusion du virus dans l'air des cabines. Deux patients hospitalisés décèdent le 20 février.

Les passagers sont testés à la suite de leur quatorzaine et débarqués sous l'œil des caméras du monde entier. Seuls les membres d'équipage restent à bord sur demande du ministère japonais de la Santé. Sur les 3 700 passagers et membres d'équipage, le bilan final a été de 621 infectés dont 2 décès. Cette épidémie, la première du genre sur un navire, sera suivie de nombreuses autres. Elle aura permis de mieux comprendre le rôle des patients asymptomatiques dans la diffusion d'une infection en milieu confiné.

La contagion à bord du Charles-de-Gaulle

En janvier 2020, le gouvernement français ordonne au porte-avions nucléaire *Charles-de-Gaulle*, vaisseau amiral de la marine nationale, de se déployer en Méditerranée orientale dans le cadre d'une opération contre l'État islamique. Il doit ensuite se rendre dans l'océan Atlantique et la mer du Nord pour des entraînements. Sa mission est censée s'achever le 23 avril. Le navire mesure 261 mètres de long, 64 mètres de large et 75 mètres de haut, soit l'équivalent d'un immeuble de 25 étages. Il peut accueillir près de 2 000 marins.

Du 13 au 15 mars, au cours de la seconde partie de son déplacement, le porte-avions fait escale à Brest. Les marins ont l'autorisation de voir leur famille et de rentrer dans des établissements commerciaux de la ville, moyennant des mesures de distanciation.

Dans les deux semaines qui suivent, en pleine mer, les vents forts et la température de – 5 °C entraînent des rhumes sévères à bord. Mais, à partir du 5 avril, les visites à l'infirmerie se multiplient. Le 8 avril une équipe de médecins biologistes et d'épidémiologiste est dépêchée à bord. Sur 66 marins testés, 50 sont porteurs du virus. 3 d'entre eux sont évacués par voie aérienne vers l'hôpital militaire Sainte-Anne, à Toulon. En urgence, la ministre des Armées Florence Parly ordonne au bâtiment et à son escadre de se replier sur sa base navale de Toulon.

Il reste à bord 1 760 personnes. Les conditions de promiscuité facilitent la contagion : « À des endroits, une vingtaine de matelots dorment ensemble sur 3 ou 4 étages de couchettes », explique l'amiral Alain Coldefy, ancien commandant du porte-avions.

L'après-midi du 12 avril, le bâtiment entre dans la rade de Toulon avec deux semaines d'avance sur sa mission de trois mois. Le 15 avril, 668 marins de la flotte du *Charles-de-Gaulle*, dont la majeure partie à bord du navire amiral, sont porteurs du virus. Le 18 avril, le chiffre a presque doublé : 1 081 personnes sont infectées, dont 1 046 sur le *Charles-de-Gaulle*. La moitié d'entre elles restent asymptomatiques. Le 23 avril, 15 malades sont hospitalisées en soins intensifs, dont 3 en réanimation.

L'enquête a conclu que la contamination remontait notamment à l'escale brestoise. Le navire a dû être en partie décontaminé avant de pouvoir reprendre la mer. La marine nationale n'a eu à déplorer aucune victime.

La circulation des épidémies s'accélère

Les pandémies des XXe et XXIe siècles empruntent désormais la voie des airs : le sida, Ebola, Zika, le chikungunya, la dengue, la grippe, le Covid-19... toutes ces infections ont voyagé par avion. Deux arbovirus (les virus transmis par les moustiques) ont particulièrement profité de ces facilités. Le virus du Nil occidental provoque des encéphalites après piqûre par des moustiques du genre *Culex*. En 1999, la maladie débarque à New York d'un vol intercontinental. Une fois que l'appareil a atterri, le virus s'est échappé et a conquis en moins de vingt ans, par voie terrestre, tout le territoire des États-Unis.

Le virus Zika dont nous avons déjà parlé a été identifié pour la première fois en 1947 en Ouganda chez un macaque. Ce singe était en cage dans la forêt de Zika pour une expérimentation à l'air libre de la transmission du virus de la fièvre jaune. Comme ce dernier, le virus Zika est transmis par les piqûres du moustique *Aedes aegypti*. Les premiers cas humains d'infection à virus Zika sont détectés en 1952 en Ouganda. Il provoque peu de symptômes, de la fièvre, une conjonctivite, des éruptions cutanées, des maux de tête, des douleurs musculaires... En revanche, il a des conséquences terribles pour la femme enceinte, qui donne naissance à des nouveau-nés microcéphales. Le funeste virus se fait ensuite oublier un temps, bien qu'il circule en Afrique. Puis il voyage vers l'est et gagne l'Asie en 1966. On le retrouve dans les archipels de l'océan Pacifique. En 2007, il réapparaît en Micronésie, sur l'île de Yap, puis se répand en Polynésie française à la fin de l'année 2013. Il y est détecté à cause de l'augmentation anormale des syndromes de Guillain-Barré, une atteinte neurologique qui peut compliquer les infections virales. Il se diffuse en Nouvelle-Calédonie, dans l'île de Pâques et les îles Cook, sautant d'île en île *via* les liaisons aériennes. Puis le moustique et son virus gagnent, toujours par avion, le continent américain. Ils arrivent bientôt dans le nord-est du Brésil au début de 2014, et, deux ans plus tard, dans toute l'Amérique centrale, l'Amérique du Sud, les îles des Caraïbes et une partie de l'Amérique du Nord, notamment la Floride. En 2016, le virus perturbe le Brésil qui organise les jeux Olympiques. Entre 2015 et 2018, plus de 800 000 cas sont signalés dans les Amériques.

Le virus du Covid-19 a voyagé beaucoup plus vite. Il est très contagieux dans une population « naïve » et se transmet directement par les gouttelettes des postillons et des éternuements. Il a suffi que les personnes infectées montent dans des jets transcontinentaux et transatlantiques pour qu'elles contaminent les personnes qu'elles croisaient dans l'avion et là où elles ont atterri. Le virus a ainsi conquis le monde en quelques mois. L'effet de surprise a été total.

Partie III

Les maladies infectieuses à jamais présentes

CHAPITRE 1

De nouvelles maladies émergentes

De nouvelles maladies infectieuses apparaissent régulièrement qu'on appelle « émergentes ». La plupart d'entre elles proviennent de réservoirs animaux que nous connaissons assez mal. Ces infections « débordent », « ruissellent », autrement dit, elles sont transmises des animaux (principalement sauvages) vers l'homme. Le Covid-19 en est la dernière illustration.

Des crises de plus en plus fréquentes

Dans les années 1970-1980, les scientifiques ont cru à la fin des maladies infectieuses : des vaccins avaient été trouvés contre les principales infections virales, la variole était éradiquée, ouvrant la voie à l'élimination de toutes les autres maladies virales. Depuis trente ans, les antibiotiques avaient vaincu le péril bactérien. « Il est temps de clore le livre des maladies infectieuses et de déclarer que la guerre contre ces vieux fléaux est enfin gagnée, afin de rediriger les ressources nationales vers les vrais problèmes chroniques comme le cancer et les maladies cardio-vasculaires », déclarait en 1967 à la Maison Blanche le professeur William H. Stewart, l'homologue américain du directeur général de la Santé. Même si cette phrase lui a été attribuée par erreur, elle en dit long sur l'air du temps.

Une dizaine d'années plus tard, l'ambiance a changé. En 1982, les premiers cas de sida sont découverts : une nouvelle maladie mortelle transmise par voie sexuelle dont on apprend assez vite qu'elle est causée par un virus qui vient des singes. On ne parle pas encore d'émergence à cette époque, pourtant il s'agit bien de cela. Au cours des trois décennies qui vont suivre, ce sont pas moins d'une trentaine de nouveaux virus qui vont ainsi émerger. Du côté des infections bactériennes, des souches résistantes apparaissent, d'abord aux pénicillines puis à toutes les classes d'antibiotiques. En 2015, on a compté en France plus de 125 000 infections par des bactéries multirésistantes, qui ont tué plus de 5 500 personnes.

Au début du XXIe siècle, des virus inconnus sont apparus, de plus en plus souvent. Des agents infectieux déjà connus, mais devenus incontrôlables, ont gagné de nouveaux territoires. Une crise infectieuse majeure survient tous les cinq ans.

En 2003, le SARS surgit en Chine, dans la province du Guandong : 8 000 cas et 774 décès dans 23 pays. Il s'agit du premier coronavirus émergent moderne. Il est baptisé SARS-coronavirus (SARS-CoV). En 2005, l'infection par le virus du chikungunya surgit sur l'île de la Réunion : 266 000 cas et 256 morts. En 2009, un virus proche de la grippe H1N1 apparaît au Mexique et provoque une pandémie mondiale. L'inquiétude règne à l'OMS et dans les gouvernements des pays riches. La pandémie fait plus de 18 000 victimes. En 2011, une épidémie due à une nouvelle souche toxique de la bactérie *Escherichia coli* partie d'Allemagne gagne toute l'Europe : 54 morts et 800 cas de syndrome hémolytique et urémique. En 2012, en Arabie saoudite, un cousin du SARS, le MERS-coronavirus, apparaît : 1 728 cas, 624 décès. Entre 2013 et 2015, une terrible épidémie de fièvre hémorragique à virus Ebola provoque 30 000 cas dans trois pays d'Afrique de l'Ouest : Guinée, Liberia et Sierra Leone. Elle fait 11 000 victimes dans l'Afrique de l'Ouest, une des plus larges épidémies de ce virus découvert en 1976 près de la rivière Ebola.

La liste s'allonge encore ! En 2014, le virus Zika est détecté dans les îles de l'océan Pacifique, puis, en 2016, dans toute la zone intertropicale. En 2017, une épidémie de peste à la forme pulmonaire particulièrement redoutée flambe à Madagascar. Entre 2016 et 2018, la fièvre jaune réémerge au Brésil, faisant plus de 500 victimes. En 2019, le virus Ebola réapparaît en République démocratique du Congo, là où on ne l'attendait pas. Il fait plus de 1 500 morts, et la guerre civile lui permet de s'y maintenir à l'état quasi endémique. La rougeole ressurgit à son tour sur des continents où on la croyait sous contrôle, comme l'Europe et l'Amérique du Nord. L'OMS l'a déclarée maladie réémergente.

Enfin, au début de l'année 2020, le Covid-19 est pour la première fois identifié chez l'homme dans la province de Wuhan, en Chine. La crise sanitaire a cette fois des proportions planétaires.

La notion d'« émergence »

Le dictionnaire culturel de la langue française fait remonter au XVIIIe siècle le mot « émergence » dans son sens actuel. Son étymologie vient du verbe latin *emergere* qui signifie « sortir de l'eau ». Le substantif apparaît pour la première fois dans une traduction d'un ouvrage de physique d'Isaac Newton en 1720. On l'utilisa d'abord en physique pour désigner l'émergence d'un rayon depuis un cristal en 1720. Il apparaît en anatomie en 1846 : on parle de l'émergence d'un nerf. La philosophie s'en empara en 1874 quand l'Anglais G. H. Lewes exposa sa théorie de l'émergence selon laquelle un tout possède plus de possibilités que la somme de ses parties. En 1886, selon les géologues, une île est une terre émergente. En cristallographie, on évoque un cristal émergent. Au XXe siècle, le mot est pris au sens figuré pour qualifier une apparition soudaine dans une suite d'idées : l'émergence d'un fait historique. Les maladies « nouvelles » dans l'esprit de Charles Nicolle en 1900 signifient « émergentes », bien que l'adjectif ne soit pas encore entré dans le domaine médical. Il le sera à la fin du XXe siècle pour qualifier les maladies qui sortent de l'inconnu.

La création de la revue scientifique *Emerging Infectious Diseases* par le Center for Disease Control en 1995 consacre l'existence de ce nouveau champ des maladies infectieuses. Porté par l'usage omniprésent de l'anglais et une réalité de plus en plus prégnante, l'adjectif s'installe dans le paysage médical. Le journal *Emerging Infectious Diseases* passe de quadrimestriel à sa création à bimestriel en 1999, puis devient mensuel en 2002.

Erik Orsenna, élu académicien au 17e fauteuil, sur lequel siégea Louis Pasteur, en donne une définition originale dans *Géopolitique du moustique* : « [...] une maladie émergente est une maladie qui commence à concerner les pays riches ». Il a en partie raison. Pour identifier un nouveau virus, il faut un système épidémiologique de surveillance et des moyens d'investigation biologique dont les pays riches disposent. Ces derniers ont donc une avance technique, mais ce fossé se comble graduellement car les pays du Sud, souvent concernés en premier chef, investissent à leur tour ce domaine.

Des infections d'abord inapparentes

L'émergence est particulièrement surveillée par les pays riches, qui disposent de coûteux moyens de surveillance épidémiologique capables de détecter les événements anormaux. Mais ils ne sont pas infaillibles. Prenons l'exemple du sida. Les premiers cas sont détectés en 1981 en Californie, car la veille épidémiologique a repéré une consommation anormale de médicaments antifongiques pour traiter des maladies opportunistes dans la communauté homosexuelle. Cette nouvelle infection ne semble toucher que les jeunes hommes. Le virus en cause est appelé virus de l'immunodéficience humaine (VIH) après qu'il a été découvert trois ans plus tard à l'Institut Pasteur de Paris. L'analyse *a posteriori* a démontré que l'épidémie était rampante depuis quatre-vingts ans en Afrique et depuis au moins dix ans aux États-Unis.

Le VIH a émergé au début du XXe siècle quand un chasseur de viande de brousse a été contaminé par un virus de l'immunodéficience simienne (SIV pour *simian immunodeficiency virus* en anglais) infectant les chimpanzés au Cameroun. Le virus s'est ensuite progressivement adapté à l'homme en se transformant en VIH au cours de sa transmission par voie sexuelle ou sanguine. Il s'est propagé le long du majestueux fleuve Congo, seule voie de communication à l'époque. Il dépasse Kinshasa dans les années 1920 et atteint le delta du fleuve. Il poursuit son chemin par le train jusqu'à Pointe-Noire et traverse l'Atlantique. Sa trace est retrouvée en Haïti dans les années 1960*. À New York, les homosexuels commencent à être contaminés dans les années 1970, avant que le virus ne se diffuse dans le reste des États-Unis jusqu'à la très large communauté gay de San Francisco. C'est en Californie que les manifestations cliniques du VIH furent donc identifiées, plus de 80 ans après que le virus eut infecté un premier chasseur de brousse sur un autre continent. La maladie est baptisée syndrome

* Le virus a infecté silencieusement la population d'Haïti dans les années 1950. Trente ans plus tard, quand on a découvert que la majorité des dons de sang prélevés en Haïti à destination des États-Unis étaient contaminés, le scandale fut énorme. Il entraîna, de proche en proche, une peur incontrôlée du sida, l'effondrement du tourisme américain, une grave crise économique et, finalement, la chute du régime Duvalier.

d'immunodéficience acquise (sida). Aux États-Unis, dix ans séparent les premiers cas à New York de l'identification du virus à Paris. Le délai souligne combien il est difficile d'identifier des syndromes nouveaux et inhabituels, même dans le pays le plus développé.

La situation est encore plus caricaturale pour la peste. Elle est née il y a plus de 5 000 ans, mais sa première trace dans l'histoire remonte à la pandémie de Justinien en 540 de notre ère, soit plus de 4 500 ans d'épidémie silencieuse... Le Covid-19 n'a pas échappé à ce décalage – certes moins long ! – puisqu'il a circulé chez l'homme en Chine au moins en 2019, avant de devenir pandémique en 2020. Les maladies ont donc deux stades d'émergence : le premier, quand elles commencent à toucher l'homme, et le second, quand elles sont identifiées.

Un essai de classement

L'infectiologue Anthony Fauci, directeur de l'Institut national des allergies et maladies infectieuses aux États-Unis (NIAID), propose de diviser les maladies émergentes en quatre catégories. La première regroupe les maladies réellement nouvelles, les vraies maladies émergentes comme le Covid-19. La deuxième comprend les maladies qui vont et viennent dans l'histoire avec des fortunes diverses : ce sont les maladies réémergentes, comme l'épidémie à virus Ebola qui a sévi en 2014 en Afrique de l'Ouest.

Au-delà de ces maladies naturelles, les infections émergentes peuvent être liées à une action de l'homme. Les maladies « délibérément émergentes » sont des infections provoquées par l'homme pour nuire, comme la maladie du charbon ou anthrax en 2001 aux États-Unis dans le cadre du bioterrorisme ; ou des maladies utilisées comme armes de guerre, telle la peste utilisée lors du siège de Caffa en 1346.

Enfin, la quatrième catégorie regroupe les maladies « involontairement émergentes » c'est-à-dire créées par erreur, comme le virus vaccinal de la variole qui circule en Amérique du Sud, et des virus recombinants du virus vaccinal de la poliomyélite en Afrique et au Moyen-Orient.

Tableau 1. Classification des maladies émergentes.

		Exemple de maladie
Non liées à l'homme	**Maladies émergentes**	Maladies reconnues par l'homme pour la première fois : VIH/sida (1981), virus Nipah (1999), SARS (2002), MERS (2012), Covid-19 (2019)
	Maladies réémergentes	Maladies connues mais qui réapparaissent dans d'autres lieux (virus du Nil occidental aux États-Unis en 1999, virus Ebola en 2014 en Afrique de l'Ouest, virus Zika en 2015), ou sous d'autres formes (infection à staphylocoque multirésistant)
Liées à une activité humaine	**Maladies délibérément émergentes**	Maladies utilisées comme arme bioterroriste ou de guerre (bacille du charbon/anthrax aux États-Unis en 2001)
	Maladies involontairement émergentes	Maladies créées par l'homme et relâchées non intentionnellement dans la nature (virus de la vaccine circulant de manière épizootique, virus dérivé du vaccin de la poliomyélite).

(Source : Morens D. M. *et al.*, 2020)

La liste des maladies infectieuses nouvelles n'est pas close. La connaissance du monde microscopique s'élargit à mesure que les méthodes d'observation s'affinent. De nombreux agents restent aujourd'hui ignorés, car jusqu'à une date récente on ne pouvait identifier d'autres germes que ceux que l'on avait pu mettre en culture. Au XIXe siècle, les bouillons et milieux de culture réalisés par les microbiologistes, à partir de broyats de tissus d'animaux, étaient efficaces pour découvrir les bactéries vivant sur notre peau ou dans notre tube digestif. Ces milieux permettant la culture des pathogènes étaient très utiles pour la médecine. Mais ils nous faisaient passer à côté de la majorité des bactéries qui nous entourent. En 1980, nous n'en connaissions que 1 800 espèces. En 2016, les microbiologistes en ont répertorié 14 000. On estime aujourd'hui qu'il y en a encore plusieurs millions à découvrir. Comment avons-nous pu connaître ces bactéries que nous ne pouvions pas cultiver ? Grâce à la génomique et aux études de séquençage de notre environnement. Elles nous ont appris que la majorité des gènes bactériens présents autour de nous appartiennent à des bactéries inconnues.

Des réservoirs animaux

La vaste majorité des maladies infectieuses ne provient pas directement de notre environnement, mais des animaux avec qui nous sommes en contact. Sur les 335 maladies infectieuses nouvelles apparues depuis 1940, plus de 60 % sont des zoonoses, c'est-à-dire des maladies à réservoir animal.

Les exemples abondent. En 1968, dans la petite ville de Marburg en Allemagne, une épidémie nouvelle flambait parmi le personnel en contact avec des singes importés d'Afrique de l'Est. Le bilan fut terrible : plus d'une trentaine de cas sévères et 7 décès. En 1976, la première épidémie de fièvre hémorragique survenait le long de la rivière Ebola, liée à des contacts avec des animaux infectés. Il s'agissait probablement de singes, bien que le réservoir naturel du virus soit la chauve-souris. En 1981, le monde horrifié découvrait la pandémie de sida dont l'origine simienne a déjà été décrite. En 1998, au Bangladesh et à Singapour, le virus Nipah provoquait une épidémie d'encéphalite à partir d'un réservoir de chauves-souris. Le virus du SARS a été découvert en 2003, en Chine, lors d'une épidémie de pneumopathies mortelles. Il appartient à la famille des coronavirus. Son réservoir est la civette, un petit mammifère également appelé chat musqué. Le MERS-Coronavirus, un cousin du précédent, a surgi en 2012 en Arabie saoudite où il infectait silencieusement les naseaux des chameaux.

L'origine du SARS-CoV-2 est encore discutée. Il est très proche d'un virus de la chauve-souris retrouvé chez le pangolin malaisien, un mammifère couvert d'écailles, mangeur de fourmis, dont la chair est appréciée par les populations asiatiques, particulièrement en Chine. Les autorités chinoises ont immédiatement désigné le marché aux poissons de Wuhan comme origine de la pandémie. Il s'agit en réalité d'une foire aux animaux vivants comme la Chine en compte beaucoup. Depuis 2000, avec le SARS et le Covid-19, ces marchés ont mis deux fois en péril la santé de l'humanité et on s'interroge sur leur intérêt. La diversité des animaux présents, leur promiscuité, les conditions dans lesquelles ils sont maintenus multiplient les risques d'émergence.

La probabilité de rencontrer un nouvel agent infectieux ne cesse d'augmenter aujourd'hui. Les risques d'infections épidémiques s'accroissent avec la surpopulation, le réchauffement climatique, la déforestation, l'emprise croissante des hommes sur les espaces naturels où vit la faune sauvage, et surtout les nombreux voyages aériens (plus de 4 milliards de passagers par an) qui véhiculent les virus plus vite que jamais.

Un exemple frappant est celui du virus Zika, un arbovirus (pour *arthropod-borne virus* en anglais) transmis par des moustiques. Ce virus a été découvert pour la première fois en 1947 par des chercheurs anglais qui travaillaient sur la fièvre jaune (transmise au singe par le même moustique) dans la forêt de Zika, près d'Entebbe en Ouganda. Dans la langue bantoue, parlée dans la région des Grands Lacs africains, Zika signifie « forêt très dense ». Ce virus très rare est transmis aux singes qui vivent dans les arbres au niveau de la canopée où on trouve également les moustiques. Aujourd'hui, les villages ont gagné sur cette forêt et les enfants jouent au foot à deux pas du lieu de la découverte du virus. Autrefois cantonné en Afrique, ce virus a entraîné en 2015 une épidémie qui a frappé trois autres continents.

En principe, nous sommes protégés par la barrière d'espèce. Il est peu probable qu'un microbe passe directement d'un animal éloigné sur le plan de l'évolution à l'homme et provoque directement une large épidémie. Un virus a besoin de s'adapter à son environnement car il dépend de son hôte pour toutes les phases de sa vie. Il est ainsi plus facile d'être infecté par des virus de nos proches cousins primates que par ceux de nos amis les chiens. Par ailleurs, si l'on peut être accidentellement infecté par un virus d'une espèce proche, la probabilité qu'il s'adapte et se propage ensuite d'homme à homme est presque nulle. Mais il existe des contre-exemples ! Les arbovirus, comme ceux de la dengue ou de la fièvre jaune, infectent indifféremment des insectes et des primates (hommes ou singes). Les insectes et les mammifères ont beau avoir divergé il y a des centaines de millions d'années, ces virus circulent facilement des uns aux autres. Les virus de la grippe sautent aussi aisément des oiseaux au porc et à l'homme. Les coronavirus de la chauve-souris se transmettent aussi à l'homme.

L'historien biologiste Jared Diamond fut un des premiers à s'intéresser au passage des microbes de l'animal à l'homme.

Avec l'épidémiologiste Nathan D. Wolfe et la clinicienne infectiologue Claire Panosian Dunavan, ils ont découpé l'émergence d'une maladie humaine en différentes étapes. En partant des principales maladies qui ont eu de larges répercussions historiques et de leurs modes de transmission, ils ont proposé cinq stades pour le passage de la maladie d'une espèce à l'autre. Le premier stade correspond aux maladies uniquement animales et le cinquième à des maladies d'origine animale bien établies chez l'homme. La transmission entre espèces se ferait sur un mode pyramidal. Tout en bas, au stade 1 de l'émergence, se trouvent les microbes qui infectent des animaux mais qui n'ont pas été détectés chez l'homme dans des conditions naturelles*. Dans ce groupe 1 se trouvent les virus et bactéries qui sont spécifiques d'une espèce, comme le virus de la maladie de Carré du chien et des canidés. Ce virus appartient à la famille du virus de la rougeole, mais il n'est pas capable de franchir la barrière d'espèce ni d'infecter l'homme.

Au stade 2, la barrière de l'espèce est partiellement levée. Ce groupe comprend les agents pathogènes des animaux capables ponctuellement d'infecter l'homme. Ils sont responsables d'« infections primaires ». À ce niveau, l'homme ne peut pas transmettre le virus, il n'y a donc pas d'infections secondaires. L'infection humaine est une impasse écologique puisque l'agent ne peut pas aller au bout de son cycle reproductif. Se rangent dans cette catégorie les bacilles du charbon et de la tularémie, le virus de la rage, ainsi que le virus Nipah** et celui du Nil occidental, tous deux découverts récemment.

Au stade 3, l'émergence est plus avancée. Certains agents pathogènes animaux sont capables de quelques cycles de

* C'est-à-dire excluant les technologies modernes qui peuvent transférer par inadvertance des agents pathogènes, comme la transfusion sanguine, les greffes d'organes ou les aiguilles hypodermiques.

** La maladie à virus Nipah se caractérise par de la fièvre, des maux de tête voire une insuffisance respiratoire. Elle peut aussi être asymptomatique.

transmission secondaire entre humains, à l'origine de petites épidémies humaines identifiées autour d'une primo-infection qui s'éteignent vite et spontanément. Le virus Marburg, le virus Lassa ou le virus de la variole du singe appartiennent à cette catégorie.

Le stade 4 regroupe des maladies qui se développent naturellement chez l'animal dans la faune sauvage et qui se transmettent à l'homme. Mais elles peuvent aussi se transmettre entre humains sans que l'animal intervienne. On parle alors de transmission secondaire. La majorité des transmissions sont interhumaines, comme c'est le cas avec les virus de la grippe A, les bacilles du choléra et du typhus ou la maladie du sommeil ouest-africaine.

Le stade 5 est le stade final de l'émergence : l'agent pathogène s'est adapté dans une relation de dépendance exclusive à l'homme. Cette relation est risquée pour le pathogène qui devient *de facto* éradicable dès qu'il existe un vaccin ou un traitement disponible. Tel fut le destin de la variole. Appartiennent au stade 5 les agents causant le paludisme à *Plasmodium falciparum*, la rougeole, les oreillons, la rubéole, la variole, la syphilis et plus récemment le Covid-19. Ces agents pathogènes se sont confinés en l'homme soit parce qu'il existait un agent pathogène ancestral déjà présent chez l'ancêtre commun des chimpanzés et des hommes, soit parce qu'il s'est adapté directement à partir d'une autre espèce animale.

Si l'émergence d'une maladie nouvelle semble brutale, elle est en fait l'aboutissement d'un processus lent et complexe. L'impression d'emballement qu'on éprouve depuis 30 ans doit être remise en perspective. Certes, sur le plan environnemental, les écosystèmes sont modifiés par le réchauffement climatique, et la croissance de la population mondiale bouleverse de nombreux équilibres. Mais l'inflation apparente des maladies émergentes tient aussi aux moyens de détection des agents pathogènes dont nous disposons aujourd'hui, qui nous permettent de mieux comprendre des phénomènes que les médecins autrefois appelaient simplement des fièvres.

Contrôle, éradication, extinction...

Faire disparaître les maladies infectieuses est un vieux rêve de l'homme, qu'il a parfois atteint. On parle alors de « désémergence », un néologisme un peu boiteux mais assez parlant. Il désigne l'éradication, actée ou en cours, des maladies.

Une maladie peut être « contrôlée » quand elle ne circule plus que dans une zone restreinte, de manière marginale. La situation reste précaire, ce qui oblige à maintenir la vaccination, des mesures de quarantaine, etc. L'éradication est le niveau de contrôle le plus élevé, quand il n'y a plus aucun cas observé. L'agent infectieux est éliminé de l'environnement, même s'il peut rester confiné en laboratoire. Les mesures de prévention ne sont plus nécessaires. Ainsi, pour la variole, le dernier cas naturel remonte à 1977 et, depuis 1980, le virus est conservé dans deux laboratoires aux États-Unis et en Russie.

L'extinction est le stade ultime. L'agent infectieux a physiquement disparu de la surface de la Terre. On ne le trouve plus ni dans la nature ni dans un laboratoire. Le virus de la grippe espagnole de 1918 s'est ainsi éteint spontanément après 1919, mais il a été recréé en laboratoire en 2005, il est donc seulement éradiqué. Un exemple unique dans l'histoire récente d'une « désémergence » spontanée.

Depuis sa création en 1948, l'OMS a lancé quatre programmes mondiaux d'éradication contre le paludisme, la variole, la poliomyélite et la dracunculose, une maladie parasitaire liée à l'ingestion d'eau non filtrée contenant des crustacés microscopiques*. L'OMS commença par le paludisme en 1955. La stratégie visait à interrompre la transmission du paludisme en utilisant un insecticide rémanent, le fameux DDT (dichloro-diphenyl-trichloroethane), un composé isolé à la fin du XIXe siècle dont

* L'agent infectieux est la filaire de Médine *Dracuncula medinensis*.

les propriétés insecticides furent découvertes dans les années 1930. Son utilisation pendant la Seconde Guerre mondiale sembla miraculeuse pour lutter contre la malaria. Mais sa persistance dans l'environnement et ses conséquences éco-toxicologiques, dénoncées par Rachel Carlson dans son livre *Printemps silencieux,* firent abandonner le programme d'éradication du paludisme en 1969 et, plus généralement, les tentatives basées sur l'éradication des moustiques vecteurs.

Le meilleur exemple d'une éradication réussie reste celle de la variole en 1980, première maladie pour laquelle nous avons disposé d'un vaccin dès la fin du XVIIIe siècle. Le programme, lancé en 1959, s'intensifia à partir de 1968 pour aboutir au succès final en 1977. En 1980, lors de son assemblée générale, l'OMS put annoncer au monde : « La variole est morte. »

Le troisième programme d'éradication adopté par l'OMS en 1988 est celui de la poliomyélite, causée par un virus entérique (qui infecte l'intestin par voie oro-fécale) responsable de paralysie musculaire par atteinte des neurones de la moelle épinière. Ce programme connaît bien des revers avant d'atteindre son terme. Aujourd'hui, la maladie reste présente au Pakistan et en Afghanistan, deux pays difficiles d'accès où les réticences culturelles sont fortes. Des vaccinateurs sont régulièrement ciblés et assassinés au Pakistan. En Afghanistan, les populations sont empêchées par la guerre d'avoir accès aux campagnes de vaccination. Le programme d'éradication de la polio initié il y a trente ans montre qu'il ne suffit pas d'avoir un bon vaccin (celui de la polio protège à 95 %) pour éradiquer une maladie, il faut du temps. Le vaccin oral vivant atténué utilisé dans les pays en développement a été très efficace pour éliminer la polio de la plupart des pays jusqu'à présent, mais il provoque, maintenant que le virus sauvage circule beaucoup moins, des épidémies ponctuelles en Afrique à la suite de recombinaisons génétiques possibles entre le virus vaccinal et d'autres virus entériques naturels de la même famille, entraînant le retour à la virulence.

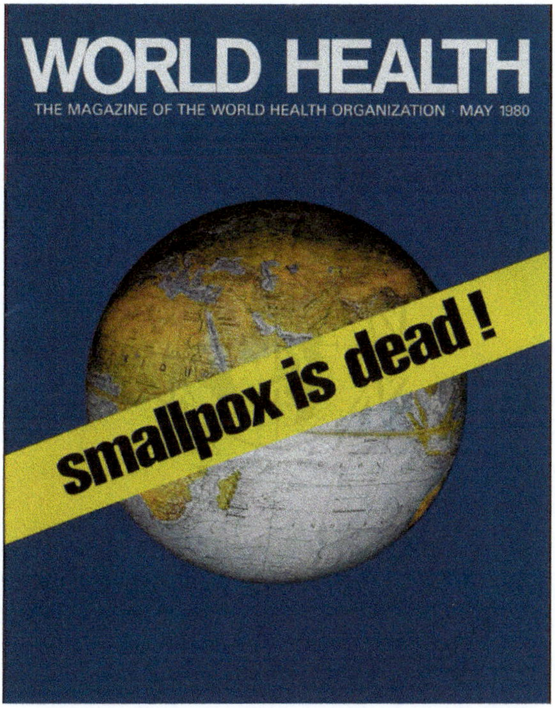

Figure 7. Première page du magazine de l'Organisation mondiale pour la santé de mai 1980 proclamant la mort définitive de la variole.

Ainsi, à l'heure actuelle et après tant d'années de combat, le seul virus humain éradiqué est toujours celui de la variole. L'autre virus éradiqué est le virus animal de la peste bovine dont nous avons déjà parlé (*Rinderpest virus*). Cette maladie déjà décrite sur un papyrus vieux de 3 000 ans a ravagé au cours des siècles les élevages bovins en Europe, en Afrique et en Asie. L'Organisation des Nations unies pour l'agriculture et l'alimentation (FAO) a annoncé ce succès en octobre 2010.

On ne peut éradiquer une maladie infectieuse humaine qu'à trois conditions : 1) sur le plan épidémiologique, il faut que la maladie n'ait pas de réservoir en dehors de l'homme et qu'elle soit facile à diagnostiquer ; 2) sur le plan de la santé publique, il faut qu'il existe un vaccin efficace ou un traitement curatif ; 3) enfin, il doit exister une preuve que l'entreprise est faisable, par exemple une expérience réussie d'élimination dans une zone géographique limitée.

Outre ces conditions scientifiques, une volonté politique et un soutien populaire sont indispensables. Si la maladie n'est pas perçue comme un fardeau par la population, il est vain d'essayer de l'éradiquer. Or cette perception dépend des cultures. Faute de les prendre en compte, les campagnes de l'OMS tournent parfois à la catastrophe. Enfin, le coût prévu de l'éradication doit être raisonnable et compatible avec les budgets contraints de l'OMS.

Les échecs de ces campagnes sanitaires dans les pays en voie de développement s'expliquent souvent par leurs difficultés propres, la faiblesse des infrastructures sanitaires, l'insécurité politique et surtout les conflits armés. Un obstacle majeur ! En Syrie, la guerre a désorganisé la prévention médicale et favorisé la réémergence de la poliomyélite.

Parfois, des maladies émergentes « désémergent » aussi vite qu'elles ont émergé, comme le SARS. Cette première émergence d'un nouveau coronavirus est apparue en 2002-2003. Le virus s'est propagé dans 29 pays, infectant 8 096 personnes et en tuant 813. Son taux de létalité de 10 % était bien supérieur à celui du Covid-19. Elle a été maîtrisée et finalement éliminée grâce à des mesures efficaces de santé publique non pharmaceutiques (identification, traçage, isolement). En 2012, le MERS-CoV émergeait dans des conditions semblables, « débordant » du chameau. L'infection a provoqué des épidémies plus limitées, car elle était moins contagieuse. Mais 30 % des victimes décédaient. Il n'y a plus de cas notifié depuis 2015. Le SARS-CoV et le MERS-CoV ont ainsi été éradiqués*, même s'ils restent vraisemblablement en

* Les cas ont disparu. Il n'y a pas eu de campagne d'éradication comme pour la variole, mais des mesures de contrôle et de quarantaine.

circulation dans les réservoirs animaux et pourraient réémerger de la nature, comme le fait le virus Ebola depuis 44 ans.

Outre la poliomyélite, d'autres maladies sont en voie d'éradication : la dracunculose, la filariose lymphatique, la rougeole et la rubéole. Ces victoires en matière d'éradication et de contrôle des maladies infectieuses sont liées à l'existence de meilleurs outils et à l'amélioration des stratégies de prévention et de contrôle. Elles démontrent aussi les investissements internationaux colossaux publics et privés pour réduire la mortalité et la morbidité de toutes ces maladies. Nous ne sommes pas impuissants face aux maladies émergentes. Les succès de la « désémergence » des maladies infectieuses le prouvent. Les efforts pour contrôler les maladies existantes et prévenir les nouvelles sont liés. Les deux objectifs exigent les mêmes investissements scientifiques, de santé publique et politique.

CHAPITRE 2

Le monde méconnu des microbes

Le mot « biosphère » sert à désigner tous les organismes vivants et leur milieu de vie, donc la totalité des écosystèmes présents sur terre, dans le sol, dans l'eau et dans l'air. Un recensement de la biomasse sur terre est essentiel pour comprendre la structure et la dynamique de cette biosphère dans laquelle l'homme évolue.

L'arbre du vivant de Carl von Linné revu aujourd'hui

Tous les êtres vivants sont constitués des mêmes briques chimiques élémentaires : les acides nucléiques, qui portent l'information génétique transmise d'une génération à l'autre, les protéines, qui assurent toutes les fonctions biochimiques et structurales des cellules, les acides gras, qui constituent les membranes des cellules, et les glucides, qui fournissent l'énergie nécessaire au métabolisme des cellules. Même très divers, les êtres vivants partagent le même code génétique, la même machinerie, qui leur permet de se reproduire. Les chênes de la forêt, les algues de l'océan, les tomates du potager possèdent fondamentalement la même organisation. Une salade, un moustique, un arbre, une tortue, un éléphant, un requin, une souris... ou une bactérie issue d'un marigot ont en commun le même système de construction, les mêmes briques fondamentales et interchangeables, et le même système d'information. En fait, nous sommes tous des descendants et lointains cousins à divers degrés de la première cellule, née il y a plus de 4 milliards d'années.

Il y a 250 ans, les biologistes tentaient de comprendre comment le vivant est organisé. Un naturaliste suédois, Carl von Linné, élabora un arbre phylogénique répartissant les êtres vivants selon leur classe, leur genre, leur ordre et leur espèce. Il travailla à partir des ressemblances et des dissemblances entre les êtres vivants. Il classa ainsi les espèces par l'association de deux noms – le genre et l'espèce –, comme une personne possède son nom de famille qu'elle partage, et son prénom qui lui est propre. Cette nomenclature est encore en usage de nos jours.

L'homme appartient à l'espèce *sapiens,* au sein du genre *Homo.* Son nom est donc *Homo sapiens.* L'homme moderne *sapiens* est la seule espèce encore vivante du genre *Homo.* Les branches cousines *Neanderthalensis* et *Denisova* ont disparu il y a plus de 30 000 ans. Ces arbres phylogéniques ressemblent beaucoup aux arbres généalogiques des familles. Cette classification des êtres vivants a fait un bond en 1977, quand le microbiologiste américain Carl Woese a mis au point une méthode permettant de différencier les espèces à partir d'un gène des bactéries, un petit morceau de leur ADN. Ce gène est universel pour tous les êtres vivants puisqu'il code pour l'ARN 16S contenu dans la petite sous-unité des ribosomes, qui sont, à l'intérieur des cellules, les usines à fabriquer les protéines indispensables à la vie.

Ils sont donc très abondants. La méthode de Carl Woese est depuis devenue le standard du fait des caractères de ce gène 16S, avec sa structure mosaïque incluant des régions conservées, et des régions variables et hypervariables, donc spécifiques d'une espèce. Avec le séquençage de masse qui a permis de comparer les séquences génétiques, on ne parle plus aujourd'hui d'arbres « phylogéniques » mais d'arbres « phylogénétiques ».

Trois grands domaines ont été identifiés qu'on appelle les règnes du vivant : les eucaryotes ou cellules à noyau ; les procaryotes ou bactéries sans noyau ; et les archées très proches des bactéries, mais qui vivent dans des milieux extrêmes. Les humains se trouvent dans le règne hétéroclite des eucaryotes, qui regroupe des êtres vivants unicellulaires et des êtres multicellulaires (dont nous faisons partie à l'intérieur du groupe des vertébrés).

De manière surprenante, le vivant infiltre tous les milieux, même les plus hostiles. La majorité des bactéries vivent dans des conditions difficiles à plusieurs centaines de mètres sous terre ou sous la mer. Il n'existe pas de milieu naturel qui n'ait son écosystème. Les sources d'eau chaude, les geysers, les milieux hypersalins, les volcans ou encore les fosses océaniques, tous ces environnements extrêmes dans lesquels la vie semble difficile, sont colonisés.

Moins de 15 % d'espèces vivantes connues

En se plaçant au sommet de l'arbre du vivant, l'homme a fait preuve de narcissisme… et d'ignorance. Nous savons combien la Bibliothèque nationale de France ou les grandes bibliothèques du monde contiennent de livres, mais nous n'avons toujours pas dénombré toutes les espèces de plantes et d'animaux présentes dans le monde. En 2011, 1,5 million d'organismes eucaryotes étaient identifiés sans que ce comptage soit sûr, faute d'une base de données universelle. Il existe peut-être des « synonymes », à savoir une même espèce présente dans des collections différentes... Parmi les eucaryotes, les mammifères et les oiseaux sont les mieux connus, car ils sont proches de nous. Mais pour les espèces végétales et les invertébrés, leur nombre et la variété de leur structure rendent la classification plus difficile. On estime qu'il existe 10 fois plus d'espèces végétales et 100 fois plus d'invertébrés à répertorier que de vertébrés.

La même étude a évalué le nombre total d'espèces eucaryotes distinctes vivant sur terre aujourd'hui. Les estimations précédentes variaient de 3 à 100 millions d'espèces ! Ce dernier travail table sur plus de 8,7 millions d'espèces eucaryotes terrestres et plus de 2,2 millions dans les océans. On ne connaîtrait que 14 % des premières et 9 % des secondes. Nous sommes loin d'avoir mesuré la diversité du monde vivant, qui constitue une sorte de « matière noire » de la biologie.

La quantité de bactéries qui nous entoure représente une masse gigantesque et difficile à évaluer car ces bactéries infiltrent tous les milieux. En 1998, leur quantité totale a été estimée entre 4 et 6.10^{30} cellules. Le chiffre est absolument astronomique : 1 suivi de 30 zéros ! Il représente entre 330 et 350 pétagrammes* de carbone, et totalise plus de 60 % du carbone des plantes. Or les bactéries sont de taille microscopique. Autrement dit, l'essentiel du carbone présent dans le monde biologique est invisible à l'œil nu. Nous ne voyons pas la plus grande partie de la matière vivante.

---

* Le péta est l'unité de grandeur de 10^{15} (1 suivi de 15 zéros). 1 pétagramme (Pg) est l'équivalent de 10^{15} grammes, soit 1 000 milliards de kilos, ou 1 milliard de tonnes. En l'occurrence, il s'agit de 350 milliards de tonnes de carbone.

Nous ne savons pas non plus précisément comment se répartissent entre elles les biomasses des différents groupes d'espèces*. En 2012, une étude portait sur la composition globale de la biomasse de la biosphère, soit environ 550 gigatonnes de carbone (GtC), répartie entre les différents règnes de la vie. Le règne des plantes (environ 450 GtC) est principalement terrestre. Le règne des animaux (environ 2 GtC) est surtout marin. Les bactéries (environ 70 GtC) et les archées (environ 7 GtC) sont plutôt situées sous terre. La biomasse terrestre est environ 100 fois plus élevée que la biomasse marine avec environ 6 GtC d'êtres vivants marins. La biomasse des humains (0,06 GtC), bien que très faible face à ces très grands nombres, est toutefois 10 fois plus élevée que celle de l'ensemble des mammifères sauvages. Ce déséquilibre est dû à l'augmentation spectaculaire de la population humaine au cours du dernier siècle, mais aussi à la disparition de nombreuses espèces sauvages par la destruction des écosystèmes naturels.

Les êtres vivants ont des propriétés fascinantes. Les sédiments marins couvrent environ 70 % de la surface de la Terre. Ils abritent une population microbienne remarquable qui représente 12 à 45 % de la biomasse microbienne totale, soit environ 0,6 à 2 % de toute la biomasse. Depuis la découverte de la biosphère sédimentaire sous-marine, la compréhension de l'étendue, de la diversité et de la physiologie des microbes dans le sous-sol des océans a beaucoup progressé. Des bactéries enterrées sous le limon du fond de l'océan datant de plus de 100 millions d'années ont pu être remises en culture. Leur durée de vie dépasse tout ce que l'homme peut imaginer.

Un autre point que nous avons du mal à comprendre est la présence de bactéries dans les couches géologiques. Une étude récente a compilé des données sur la concentration cellulaire et la diversité microbienne des cavités naturelles souterraines

* On emploie aussi le mot « taxon » pour désigner un groupe d'espèces.

du monde entier. Sur la base de considérations relatives au flux de chaleur global, à la température de surface, à la profondeur et à la composition des roches, on estime que le sous-sol continental héberge de 2 à 6.10^{29} cellules bactériennes. Nous n'avons pas de prédicteur fiable de ces populations, bien que leur composition soit corrélée à la nature de la roche et à sa composition géochimique. La biomasse procaryote totale serait donc d'environ 23 à 31 pétagrammes de carbone (PgC), environ 4 à 10 fois moins que les estimations précédentes.

Les chiffres sont encore plus renversants pour les virus, qui représentent les éléments biologiques corpusculaires les plus abondants sur terre. Le nombre de bactériophages, ces virus qui infectent les bactéries, tournerait autour de $4{,}8.10^{31}$. Mais nous connaissons très mal ces particules. Nous n'avons encore décrypté qu'environ 2,5 % des séquences génétiques de la plupart des virus présents dans le sol et les sédiments.

Jusque vers 1970, on ne s'intéressait qu'à la poignée de virus qui causaient des maladies chez l'homme, chez les animaux domestiques et chez d'autres eucaryotes ayant une certaine valeur économique (plantes, bois, levures, etc.). Les bactériophages servaient de modèles pour la recherche en biologie moléculaire, mais on pensait qu'ils n'avaient pas un grand rôle dans le fonctionnement de la biosphère.

Comme on ne pouvait cultiver que 1 % des bactéries avec les méthodes de l'époque, les populations bactériennes étaient systématiquement sous-estimées. À la fin de la décennie, leur nombre a bondi d'au moins un facteur 100 avec l'amélioration des méthodes de comptage direct utilisant la microscopie à fluorescence. Ces progrès ont permis de pressentir que, dans les environnements marins, près d'un tiers de la population bactérienne était quotidiennement attaqué par des virus bactériophages, ce qui est énorme. Cette estimation était le prélude à de plus amples découvertes. Des bactéries et des bactériophages ont ensuite été trouvés en très grand nombre dans toutes sortes d'environnements, y compris des endroits inhospitaliers comme la calotte glaciaire, les sources chaudes acides bouillonnantes, les zones chaudes en eau profonde et les sédiments océaniques. Par leur nombre, les virus sont désormais reconnus comme les « vainqueurs du jeu de la vie ».

Ils ont reçu cette appellation car ils sont la forme biologique la plus abondante et la plus diverse, et ils jouent un rôle important dans l'écologie et l'évolution. Les océans contiennent en moyenne 3 millions de particules virales par millilitre, ce qui, rapporté au volume estimé d'eau de mer, donne le chiffre astronomique de 4.10^{30} virus. Le virus marin mesure en moyenne 100 nanomètres et pèse 0,2 fentogramme* de carbone. Si tous les virus des océans étaient mis bout à bout, on obtiendrait une distance de 10 millions d'années-lumière**. L'ensemble des virus des océans pèse environ 200 mégatonnes de carbone, soit l'équivalent de 75 millions de baleines bleues, l'animal le plus lourd sur terre (les plus gros spécimens pèsent environ 150 tonnes). Mais les virus, bien que très nombreux, sont les organites les plus petits de la constellation des êtres biologiques. En convertissant les $4,8.10^{31}$ virus existant sur terre en masse de carbone, on obtient environ 2,9 pétagrammes, soit environ 100 fois moins que l'ensemble des bactéries.

---

* 1 nanomètre représente 10^{-9} mètre, soit 1 milliardième de mètre ; fento est l'unité de grandeur à 10^{-15}, donc 1 fentogramme est 1 millionième de milliardième de gramme.

** Une année-lumière est la distance parcourue par la lumière pendant un an, soit 9 460 milliards de kilomètres.

La fabuleuse diversité des bactéries et des microbes

Félix d'Hérelle a découvert les virus bactériophages en 1917 à l'Institut Pasteur de Paris, mais, un siècle plus tard, nous ne connaissons toujours pas l'étendue de leur diversité, leur répartition ou leur rôle dynamique précis dans le fonctionnement de l'écosystème global. La vie cellulaire peut être sondée à l'aide de gènes universels tels ceux codant pour les ARN ribosomiques, ces machines moléculaires qui transforment le code génétique en protéines. Mais, pour les virus dépourvus de ribosomes et qui utilisent les ribosomes de l'hôte parasité, ces sondages sont plus difficiles. D'autres méthodes ont donc été conçues pour tenter de connaître leur diversité. Une estimation basse tablait sur une dizaine d'espèces de bactériophages différentes qui auraient infecté chacune des dizaines de millions probables d'espèces microbiennes. Avec ce calcul, on estimait qu'il existait 100 millions d'espèces de bactériophages différentes. Mais cette approche ne fournit que des approximations, elle ne mesure pas la diversité génétique. Des travaux plus récents ont encore réduit l'estimation de 2.10^9 à seulement $3,9.10^6$, une rétrogradation de presque 3 ordres de grandeur. Le débat n'est pas clos.

La métagénomique cherche à comprendre et à organiser les données issues du séquençage de masse. Ces données sont difficiles à classer pour les virus. Ces gènes inclassables ont été baptisés « matière noire virale », au sens d'invisible ou d'incompréhensible, par analogie avec la matière noire de l'espace. Cette « matière noire virale », c'est-à-dire les séquences métagénomiques qui proviennent de virus mais qui ne s'alignent sur aucune séquence de virus de référence, constitue l'un des principaux obstacles à la définition complète du « virome* ». Selon l'origine de l'échantillon, la « matière noire virale » peut représenter entre 40 et 90 % des séquences.

Quant aux bactéries, l'essentiel de leur diversité nous échappe, car, comme nous l'avons vu, nous ne connaissons que les bactéries que nous cultivons, c'est-à-dire principalement celles de notre microbiote**. Une étude récente a déterminé l'abondance de séquences de gènes appartenant à des groupes inconnus, non cultivables, dans des milieux aussi divers que l'eau de mer, l'eau douce, le sous-sol terrestre, le sol, les environnements hypersalins, les sédiments marins, les sources chaudes, les évents hydrothermaux, la neige.

Dans ces environnements, entre 22 et 87 % des bactéries appartiennent à des genres nouveaux non cultivables et jusqu'à 64 % appartiennent à des phylums*** non cultivables. Les bactéries humaines ou associées aux humains sont dominées par les genres cultivables (entre 45 et 97 %). Au total, ces genres et phylums non cultivables inconnus pourraient représenter 10^{29} bactéries. Faramineux ! Les microbes non cultivables, souvent issus de groupes divergents, dominent les environnements non humains sur la Terre. Enfin, ces bactéries pourraient jouer des rôles très importants dans le fonctionnement de nombreux écosystèmes.

Au XVIIIe siècle, l'homme s'était placé tout en haut de l'arbre du vivant, mais depuis il n'a cessé de rétrograder, et tous les mammifères avec lui, écrasés par la profusion du vivant. La génomique nous apprend que l'être humain vit au milieu d'un océan d'êtres invisibles inconnus.

---

* Le virome est l'ensemble des populations virales d'un organisme ou d'un environnement.

** Le microbiote est l'ensemble des micro-organismes vivant chez un hôte ou dans un environnement particulier.

*** Un phylum regroupe des espèces possédant un plan d'organisation identique.

CHAPITRE 3

L'indispensable microbiote

L'étymologie du mot « hygiène » provient du grec ancien *ὑγιεινός, hugieinós*, « qui est bon pour la santé ». Mais Hygie, la déesse de la santé et de la propreté, mit du temps à imposer sa loi ! L'hygiène ne s'est développée qu'au milieu du XIXe siècle, grâce au docteur Ignace Philippe Semmelweis, un médecin hongrois qui exerçait à Vienne. Il découvrit qu'un geste simple, se laver les mains, pouvait sauver les jeunes femmes qui mouraient à l'hôpital de fièvres puerpérales liées à une infection après l'accouchement, un fléau qui affectait la réputation de l'hôpital. Les patientes préféraient accoucher dans la rue ! La proposition de Semmelweis ne lui fit pas que des amis. Elle allait à l'encontre de la doxa dominante qui attribuait ces fièvres meurtrières aux humeurs. De plus, elle imposait le lavage de mains, une contrainte pour ses confrères. Et surtout, l'idée que le médecin pût être à l'origine de la maladie était inacceptable pour la société médicale viennoise. Il fut rejeté par ses pairs et renvoyé comme un malpropre en Hongrie, son pays natal.

Depuis, l'hygiène a gagné toute la société, y compris en architecture et en urbanisme : l'amélioration de l'habitat et des conditions de vie a permis de lutter efficacement contre la tuberculose et de nombreuses autres maladies infectieuses.

Néanmoins, depuis les années 1950, on observe une recrudescence des maladies allergiques et auto-immunes dans les pays riches. L'excès d'hygiène et l'absence d'exposition précoce à des germes ont été pointés. L'hypothèse selon laquelle les infections de la petite enfance peuvent protéger contre les allergies a été formulée pour la première fois en 1989. Des rhinites allergiques et des dermatites atopiques étaient en effet plus fréquentes chez les premiers-nés que chez les frères et sœurs puînés, ce qui pouvait être corrélé à l'effet protecteur des infections de l'enfance qui circulent dans la fratrie.

Les termes « hypothèse hygiéniste » ou « théorie hygiéniste » utilisés depuis le début du XXIe siècle renvoient au rôle joué par notre environnement microbien dans la régulation de notre système immunitaire.

Un peu d'histoire...

En 1885, Louis Pasteur s'interrogeait dans les *Comptes rendus de l'Académie des sciences* sur ce que pourrait être une vie sans microbe : « Souvent, dans nos causeries du laboratoire, depuis bien des années, j'ai parlé aux jeunes savants qui m'entouraient de l'intérêt qu'il y aurait à nourrir un jeune animal (lapin, cobaye, chien, poulet) dès sa naissance avec des matières nutritives pures. Par cette dernière expression, j'entends désigner des produits alimentaires qu'on priverait artificiellement et complètement des microbes communs. Sans vouloir rien affirmer, je ne cache pas que j'entreprendrais cette étude, si j'en avais le temps, avec la pensée et l'idée préconçue que la vie dans ces conditions deviendrait impossible ». L'intuition de Louis Pasteur était juste. Nous commençons à peine à mesurer l'intérêt de la myriade de bactéries et virus que nous hébergeons.

Une Terra incognita

Nous hébergeons à la surface de notre corps une quantité incroyable de bactéries, de virus, d'êtres unicellulaires. L'ensemble de ces êtres biologiques forme ce que l'on appelle notre microbiote.

L'homme a longtemps ignoré cette ménagerie invisible qui l'habite. Pendant des siècles, les dogmes médicaux ont assené que certaines surfaces internes profondes comme les poumons ou les muqueuses urologiques étaient stériles, parce que aucun germe que l'on prélevait à ces endroits n'était cultivable. Ces dogmes se sont effondrés avec la révolution génomique. La multitude de nos germes, identifiés par leurs génomes, est soudain devenue angoissante. Les bactéries sont partout sur nous et en nous, mais cela nous avait échappé jusqu'à l'apparition de la méthode d'identification basée sur la séquence d'un fragment de génomes codant un ARN conservé, l'ARN 16S, que nous avons déjà évoqué.

En 1999, des chercheurs ont exploré pour la première fois la réelle diversité des bactéries habitant le côlon. À leur grande surprise, plus des trois quarts des séquences d'ADN codant l'ARN 16S étaient inconnues. Elles étaient dérivées d'espèces jusque-là ignorées dans cette microflore intestinale. De toutes les surfaces dans notre corps, c'est le tube digestif qui contient le plus de bactéries. Elles représentent 35 à 50 % du volume du contenu intestinal et pèsent plus de 1 kilo, pour notre plus grand bénéfice. Ce poids peut sembler infime comparé à leur volume génétique, mais cette différence de masse s'explique par le fait que les cellules microbiennes – les bactéries – sont beaucoup plus petites que les cellules humaines. Mais ces bactéries cohabitantes, ces cellules étrangères, sont au total un peu plus de 10 000 milliards !

Soit environ le même nombre que celui des cellules humaines qui nous constituent et sont organisées en tissus et organes.

Nous sommes donc constitués d'autant de cellules humaines que de cellules bactériennes. Autrement dit, pour ce qui est du nombre de cellules, nous sommes autant humains que bactériens ! Bien évidemment la comparaison s'arrête là, car si on analyse la répartition en masse cette fois entre les cellules et les bactéries du corps humain, le résultat est tout à fait différent. Nos bactéries pèsent moins de 1 % de notre poids. Chez un homme de 70 kilos, la majorité des cellules sont les globules rouges (25.10^{12} cellules), alors que ceux-ci ne représentent que 3 kilos de masse, à comparer aux 20 kilos de muscles. Cet écart s'explique parce que les globules rouges sont très petits et n'ont pas de noyau, alors que les cellules musculaires sont très longues et ont de nombreux noyaux. Dans un muscle long, par exemple, ces cellules font toute la longueur du muscle, soit plusieurs dizaines de centimètres.

La diversité du microbiote

Notre microbiote est varié. Entre 1 000 et 2 000 espèces bactériennes différentes colonisent, grandissent, interagissent dans notre tube digestif dont un socle commun d'une soixantaine d'espèces dominantes, réparties de façon assez précise.

Nous pensons spontanément que notre génome nous définit en tant qu'espèce. Pourtant, le génome humain transmis par nos deux parents et fixé à la naissance ne représente qu'une fraction de la diversité génétique à l'œuvre dans notre corps. Les estimations du contenu génétique du microbiote varient entre 2 et 20 millions de gènes connus, pour 20 000 gènes humains, soit un rapport de 100 à 1 ! L'impact du nombre écrasant de gènes et de cellules microbiennes sur la biologie humaine est essentiel. De plus, contrairement au génome humain fixe, ces répertoires de gènes microbiens sont malléables. Ils pourraient offrir des perspectives intéressantes de nouvelles thérapies.

En échange de cette diversité génétique, les bactéries profitent d'une température constante à 37 °C et d'un environnement stable en oxygène, en acidité et surtout en nutriments assuré par l'hôte.

Le microbiote intestinal a pu être comparé à un organe à part entière, situé à l'interface entre l'homme et son environnement. Les bactéries qui nous habitent forment une population complexe et autorégulée qui participe à l'homéostasie générale. Mais cet « organe externe » est différent des autres, puisqu'il se forme après la naissance et qu'il n'est ni organisé, ni codé par notre génome. La naissance représente une transition importante, avec l'acquisition de la respiration et la mise en place de la circulation sanguine indépendante des échanges placentaires. Elle est aussi essentielle pour notre système immunitaire modelé par la flore adoptée par nos muqueuses. Notre peau et nos muqueuses sont colonisées progressivement. Le phénomène est aussi inédit pour le nouveau-né que sa découverte de la lumière, indispensable au développement de la vision dans le cerveau.

L'acquisition du microbiote par le nouveau-né

Le nouveau-né profite aussi des effets positifs du microbiote maternel, qui, bien avant la naissance, produit des métabolites* participant au développement harmonieux du système immunitaire du fœtus. Un régime riche en fibres chez la mère pendant la grossesse peut aider le fœtus à prévenir des maladies métaboliques.

Le développement du microbiote intestinal de l'enfant commence avec l'ensemencement par les bactéries commensales du canal vaginal. L'inoculum microbien** des enfants nés par voie basse est dominé par les microbes maternels cervico-vaginaux et fécaux, tandis que les naissances par césarienne confèrent des consortiums microbiens distincts, souvent dominés par des micro-organismes cutanés. Ces résultats, ainsi que les données d'observation, suggèrent une association entre l'accouchement par césarienne et un risque accru de problèmes de santé chez l'enfant, comme l'obésité, l'asthme et les allergies. Le microbiote particulier lié à l'accouchement par césarienne pourrait avoir des effets sur la santé infantile. Cette hypothèse provocatrice a contribué au développement de l'« ensemencement vaginal » des nourrissons nés par césarienne, pour exposer ces nouveau-nés au contenu vaginal maternel dans les premières minutes de la vie. D'autres études sur des couples mère-enfant ont remis ces conclusions en question. Mais il est clair que l'ensemencement du microbiote précoce par les microbes maternels laisse une empreinte durable sur

* Les métabolites sont des petites molécules organiques issues de la dégradation de molécules plus complexes par une cellule vivante.
** Inoculum : échantillon de germes microbiens administré ou reçu.

la biologie de la progéniture. À l'inverse, le nouveau-né prend soin des bactéries qui le colonisent. La surface de l'intestin des embryons de mammifère est recouverte d'un sucre digestible par des enzymes bactériennes, ce qui favorise la colonisation et l'entretien du microbiote intestinal.

Après l'ensemencement maternel par les voies génitales, le nourrisson continue l'acquisition harmonieuse de son microbiote intestinal grâce au lait maternel, qui n'est pas stérile lui non plus. Il est une source de microbes et constitue le régime alimentaire le mieux adapté au développement du nouveau-né : les bactéries qu'il contient favorisent le développement de son système immunitaire ; la composition de ce lait change au cours de la lactation pour répondre aux besoins de sa croissance. Il comprend des nutriments (sucres, protéines, lipides, vitamines, eau), des molécules bioactives (anticorps, oligosaccharides) et des bactéries (*Lactobacillus*, *Bifidobacterium*, streptocoques principalement).

Le microbiote du nourrisson est composé de plus de 100 espèces de bactéries, des bactéries commensales* et potentiellement bénéfiques pour la santé. Un nourrisson nourri au sein « consomme » jusqu'à 1 million de bactéries par jour ; à ce titre, le lait maternel représente la deuxième source de microbes pour le nourrisson, après celle du canal génital pour les nourrissons nés par voie basse.

* Le commensalisme est un type de relation entre deux espèces dans laquelle une espèce bénéficie de l'autre sans provoquer de maladie.

Le microbiote nécessaire à la digestion

Le microbiote intestinal se diversifie au moment du sevrage et de l'introduction d'aliments solides dans l'alimentation, puis il se stabilise vers l'âge de 2 ou 3 ans. Il a un rôle essentiel dans la digestion, car il dégrade les composés alimentaires en nutriments énergétiques. La diversité des gènes présents dans le microbiote nous apporte toutes les enzymes nécessaires à cette digestion, sans avoir besoin d'augmenter notre génome. Elle donne à notre système digestif une souplesse et une efficacité qui lui permettent de s'adapter à la très grande variété de notre régime alimentaire. Avec ces gènes des bactéries, les mammifères peuvent digérer le sucre de cuisine, par exemple, alors que notre génome manque de la diversité nécessaire pour le faire. Tel est le rôle de la bactérie *Bacteroides thetaiotaomicron*, dont le génome présente un nombre inhabituellement élevé de gènes codant pour des enzymes dégradant les sucres.

Les bactéries du microbiote ont une activité métabolique globale équivalente à celle d'un organe majeur comme le foie. Par leur diversité, elles contrôlent aussi indirectement à des degrés divers notre métabolisme énergétique, le métabolisme osseux, la synthèse des vitamines et des enzymes. Notre microbiote participe aussi au développement harmonieux de notre système immunitaire en éduquant nos cellules à reconnaître les bactéries.

Maintenant que l'on connaît le rôle joué par le microbiote pour notre santé, reste à savoir quelles leçons en tirer et quelles sont les caractéristiques d'une communauté intestinale saine. Répondre à ces questions pourrait mener à de nouveaux traitements et à la prévention de certaines maladies en agissant sur ce microbiote.

Le régime alimentaire est un facteur majeur influant sur la composition du microbiote intestinal. L'homme est passé d'un régime carnivore et de cueillette à un régime fondé sur les produits de l'agriculture. Le développement d'une industrie agroalimentaire a permis de répondre aux besoins d'une population croissante, mais au prix d'effets pervers à long terme sur la santé. Les aliments normalisés, stérilisés, ultratransformés contiennent des additifs et des conservateurs. Sans parler de l'utilisation des antibiotiques et du poids d'un environnement assaini. Les peuples qui ont gardé un mode de vie traditionnel ont des microbiotes différents et plus diversifiés que ceux des populations des pays industrialisées. Les microbes intestinaux ont cohabité avec les humains pendant des milliers d'années et ils ont façonné notre biologie tout au long de notre évolution. En retour, nos changements de mode de vie ont influé sur la composition de notre microbiote. L'ensemble de ces altérations est soupçonné de participer à l'explosion des maladies métaboliques comme l'obésité, le diabète et des maladies allergiques dans les sociétés développées.

Une « biogéographie »

Nous sommes tapissés de microbes, mais pas de manière désordonnée. Chaque population colonise un endroit donné : les mains, les oreilles, les ailes du nez, les joues, la plante des pieds... Bien que l'épiderme soit fréquemment lavé et exposé à l'air, la composition de son microbiote est très stable, même si elle diffère d'un individu à l'autre, à tel point qu'on a parlé d'« empreinte digitale microbienne ». Le derme, la couche profonde de la peau, dispose aussi de son propre microbiote, très similaire d'une personne à l'autre.

Dans le tube digestif, la densité de bactéries, les types de germes varient tout au long de la progression du bol alimentaire et de l'environnement* (présence d'oxygène, acidité). La diversité exacte des bactéries colonisant le tube digestif est moins connue.

Prenons l'exemple de la muqueuse buccale. Le savant néerlandais Anthoni Van Leeuwenhoek, à qui l'on doit l'amélioration du microscope, avait observé les bactéries qui prolifèrent dans la bouche : « Il y a plus d'animaux qui vivent dans les dépôts qui s'accumulent sur les dents dans la bouche de chacun qu'il n'y a d'êtres humains dans un royaume entier, en particulier chez ceux qui ne se lavent jamais les dents... » En réalité, les germes de la bouche sont spécialisés selon qu'ils colonisent la joue, les gencives, l'ivoire des dents ou la langue. On parle à ce sujet d'une véritable « biogéographie ».

Il en est ainsi des autres sites de notre corps, internes et externes. Une écologie microbienne complexe et invisible dessine une carte géographique qui signe notre identité. Il nous reste beaucoup à apprendre sur son activité.

Notre cerveau et nos comportements régulés par le microbiote

En 1910, le médecin anglais George Porter Phillips avait proposé de traiter la dépression par l'administration de gélatine-lactosérum contenant des lactobacilles, bactéries bénéfiques du lait et des laitages. Il est aujourd'hui quasiment prouvé que les comportements des souris de laboratoire peuvent être régulés

* Entre l'estomac et les différentes portions de l'intestin, il existe de grandes différences liées aux sucs intestinaux, à l'acidité gastrique, à la bile, etc.

par leur microbiote intestinal. Comment les bactéries entériques communiquent-elles avec le cerveau ? La sérotonine, un neurotransmetteur impliqué dans la régulation de l'humeur, est produite par les cellules de l'intestin, elles-mêmes contrôlées par des métabolites du microbiote intestinal. Le microbiote régule aussi indirectement les fonctions de la microglie, ces cellules qui assurent l'immunité du système nerveux central ainsi que la réparation du cerveau après un accident cérébral.

Le microbiote gastro-intestinal transmet des signaux au cerveau par la production de métabolites microbiens, par l'activation du nerf vague et par la production de neurotransmetteurs et neuromodulateurs dans l'intestin lui-même. On parle d'axe « microbiote-intestin-cerveau ». Des souris élevées sans germes ou traitées aux antibiotiques voient certains processus physiologiques de leur cerveau altérés. À l'inverse, quand on administre à ces souris certaines bactéries vivantes bénéfiques – par exemple *Bifidobacterium* et *Lactobacillus* –, leur comportement social s'améliore. Ces résultats suggèrent que les signaux microbiens sont importants pour la programmation des comportements sociaux.

Si la recherche progresse, on ne sait toujours pas pourquoi ni quand les relations entre les microbes intestinaux et les comportements sociaux sont apparues au cours de l'évolution. Nous avons avancé pourtant. Nous savons déjà que les microbes sont impliqués dans l'élaboration des signaux sociaux chez des mammifères, les hyènes, les souris... et chez certains invertébrés comme la mouche du vinaigre, la célèbre drosophile. L'enjeu est de mieux comprendre les fondements physiologiques de la sociabilité humaine.

En augmentant les interactions sociales entre les individus, les microbes facilitent leur propre propagation. Donc leur survie. En d'autres termes, pour mieux se diffuser, les microbes favoriseraient l'altruisme et l'entraide sociale ! À l'inverse, l'organisation sociale et le comportement peuvent agir sur la composition du microbiote au sein d'un groupe. D'une manière générale, les agents microbiens, même s'ils sont pathogènes, modulent nos comportements à leur profit. Plusieurs exemples illustrent la façon dont les virus et les bactéries conditionnent le comportement social des hôtes qu'ils infectent pour mieux se diffuser.

Prenons le virus de la rage. L'infection se traduit chez l'animal par une encéphalite provoquant ces accès de férocité furieuse et agressive, lors desquels il bave une salive contenant des quantités importantes de virus.

Il faut décoder l'image d'Épinal de l'animal enragé harcelant les enfants sur le chemin de l'école. Sur le plan biologique, en réalité, l'animal est « utilisé » comme un vecteur dont le cerveau est « piraté » par le virus pour favoriser sa diffusion. Le virus joue sa survie.

Figure 8. « Chien enragé poursuivi par des paysans », gravure sur bois illustrant le *Commentarii* de Pierandrea Mattioli, Venise (1560).

De même, le parasite *Toxoplasma gondii*, l'agent de la toxoplasmose humaine, infecte habituellement oiseaux et mammifères. Le toxoplasme favorise son cycle reproductif en réduisant la peur que l'urine de chat inspire aux rongeurs. Au lieu de se méfier, ils se rapprochent... et s'exposent à se faire dévorer par le félin. Cette stratégie augmente la chance du parasite de se transmettre au prédateur-hôte, une nécessité pour sa reproduction sexuelle car son cycle passe obligatoirement par le chat.

Le métabolisme et l'espérance de vie contrôlés par le microbiote

Notre microbiote intestinal régule notre métabolisme global et donc l'apparition de maladies telles que l'obésité, le diabète de type 2, les maladies cardio-vasculaires et celles du foie. Il peut donc indirectement agir sur l'espérance de vie. Le vieillissement, en particulier, est modulé par certaines bactéries intestinales. Les centenaires ont davantage de bactéries intestinales nommées *Verrucomicrobia* et moins de *Proteobacteria*. On a pu améliorer la santé et la durée de vie de souris progéroïdes, c'est-à-dire à vieillissement accéléré, en leur transplantant du microbiote fécal fertilisé par la bactérie *Verrucomicrobia Akkermansia muciniphila*.

Le microbiote et le cancer

Les bactéries peuvent aussi provoquer des cancers. Ainsi, *Helicobacter pylori*, cette petite bactérie colonisatrice de l'estomac, est à l'origine de cancers de l'estomac. Il semble par ailleurs que le microbiote intestinal puisse moduler la réponse du système immunitaire contre le cancer. Mais cette régulation complexe commence seulement à être explorée, par l'étude des effets du microbiote sur les drogues anticancéreuses.

Du microbiote à l'« holobiote »
Essai de définition du soi…

Le microbiote est devenu tellement indissociable de notre fonctionnement que le concept même d'espèce n'est plus opérant. Ce constat vaut pour toutes les espèces animales et végétales. Nous ne pouvons pas nous dissocier de notre microbiote. Cette association profonde entre l'hôte et tous ses composants microbiens, pour le plus grand bénéfice de l'un et de l'autre, a fait naître le nouveau concept d'« holobiote » (du grec *holos*, « tout »), qui englobe l'hôte et tous ses composants microbiens. L'holobiote est l'unité de fonctionnement biologique.

Ce concept d'holobiote repose la question de la définition du moi : si je ne suis pas défini biologiquement par mon génome mais par l'association de celui-ci avec une myriade de bactéries et de virus liés à mon passé et mes rencontres, qui suis-je biologiquement ? Si des microbes peuvent gouverner mon comportement, moduler ma pensée, guider mes actions, alors que je me pensais volontaire et libre, quel est donc mon réel libre arbitre ?

La découverte du microbiote ne pose pas seulement des questions philosophiques. Le monde microbien existait avant l'homme et continuera d'exister après lui, parce que ses capacités d'adaptation sont bien supérieures aux nôtres. L'histoire de la planète est émaillée d'apparitions et de disparitions d'espèces plus extravagantes les unes que les autres. Elles avaient toutes leur microbiote, avec lequel elles interagissaient, comme nous, de manière symbiotique*. Plus que jamais, l'homme découvre à quel point il dépend de son environnement, au sens large : l'air qu'il respire, l'eau qu'il boit, mais aussi les bactéries et virus qui l'habitent.

La sélection darwinienne concerne aussi le microbiote. Le concept d'évolution postule que l'holobiote (l'hôte et les micro-organismes qu'il héberge) avec son hologénome (le génome de l'hôte et de son microbiote) est le niveau de sélection opérant. « Donc, qu'on le veuille ou non, la microbiologie sera au centre des études sur l'évolution à l'avenir – et *vice versa* », comme l'a affirmé Carl Woese, le découvreur de l'arbre phylogénétique du vivant.

On ne peut plus concevoir un organisme multicellulaire comme un individu, au sens classique du terme. Chaque animal, chaque plante est un holobiote composé de l'hôte et de divers microbes et virus symbiotiques. Les symbiotes microbiens peuvent être transmis du parent à l'enfant de différentes façons : par le contact direct pendant et après la naissance, et par l'environnement dans lequel grandit l'enfant. Ces symbiotes contribuent à l'anatomie, à la physiologie, au développement, à l'immunité, au comportement et enfin aussi à la variation génétique et à l'origine et l'évolution des espèces. L'acquisition de microbes et de gènes microbiens est un mécanisme puissant qui commande l'évolution de la complexité.

* La symbiose est une association intime et durable entre deux espèces très différentes (appelées symbiontes) au bénéfice mutuel des deux symbiontes.

Les génomes entrelacés

La longue histoire des alliances entre l'homme et les microbes se reflète dans leurs génomes. La plupart des êtres vivants partagent environ un tiers de leurs gènes, surtout ceux qui codent pour les voies métaboliques centrales qui constituent le socle de la vie. Sans surprise, de nombreux gènes du règne animal sont très similaires aux gènes bactériens. Sur la vingtaine de milliers de gènes que possède l'homme, plus d'un tiers provient de bactéries, et moins d'un tiers a pour origine des eucaryotes unicellulaires. L'entrelacement des génomes animal et bactérien n'est pas seulement lié à des partages au cours de leur histoire commune.

En cooptant le répertoire génétique beaucoup plus diversifié de ses partenaires bactériens, l'homme peut rapidement étendre son potentiel métabolique et s'adapter à de nouveaux régimes alimentaires*. Il augmente à la fois sa polyvalence écologique et sa réactivité aux changements environnementaux.

---

* Par transfert horizontal de gènes, un processus dans lequel un organisme intègre du matériel génétique provenant d'une autre espèce sans en être le descendant. Ce processus est opposé au transfert vertical qui est le phénomène naturel d'acquisition de gènes des parents.

CHAPITRE 4

Ambivalents virus

Les virus qui semblent être apparus avec les premières cellules vivantes dépendent complètement d'elles pour leur survie. Nous commençons à bien connaître ces petits objets biologiques, nous savons qu'ils jouent un rôle complexe dans le monde vivant, capables du pire comme du meilleur. Il y a les « mauvais virus » qui rendent malade et contre lesquels on se vaccine – quand le vaccin existe. Mais certains autres virus jouent un rôle indispensable. Ils aident notre espèce à évoluer pour survivre.

La définition du virus

Un virus est un morceau d'acide nucléique codant pour une poignée de gènes enfermés dans une enveloppe de protéines. « Un virus est un morceau de mauvaise nouvelle enveloppée dans une protéine », lançait dans les années 1950 le biologiste britannique Peter Medawar, connu pour ses travaux sur le système immunitaire. La définition en forme de boutade renferme une part de vérité. *Virus* en latin désigne le poison. Il a longtemps été synonyme de microbe. Avec les progrès de la virologie et le recours au microscope électronique, le virus n'a plus désigné que des agents trop petits pour être visibles au microscope ordinaire : « La définition du mot virus ainsi pris dans un sens restreint n'est basée que sur des caractères négatifs : (i) à cause de leur faible taille les virus *stricto sensu* ne sont pas visibles au microscope ordinaire et ils ne sont pas arrêtés par les filtres de porcelaine, de terre ou de collodion, imperméables aux bactéries ; (ii) comme ils ne peuvent vivre qu'à l'état de parasites dans des tissus vivants, on ne réussit pas à les cultiver dans des milieux nutritifs artificiels, inanimés », résume le pasteurien Edmond Sergent en 1951.

En 1957, André Lwoff, un des pères de la génétique moléculaire avec François Jacob et Jacques Monod à l'Institut Pasteur, donne une nouvelle définition du virus : 1) les virus ne contiennent qu'un seul type d'acide nucléique (de type ADN ou ARN) qui constitue le génome viral ; 2) les virus se reproduisent par réplication de leur matériel génétique ; 3) les virus sont doués de parasitisme intracellulaire absolu. Pour André Lwoff, les virus sont des objets biologiques inertes qu'il exclut du vivant. Une exclusion discutable car, lorsqu'il se reproduit, le virus utilise la cellule qui est un système vivant. L'association virus-cellule peut donc être considérée comme vivante.

Un virus pourrait être désigné simplement par sa formule chimique, comme celle du virus de la poliomyélite formé de cinq éléments : carbone, hydrogène, azote, oxygène, phosphore et soufre*.

Mais d'autres virus plus complexes ont été identifiés récemment, proches de la taille d'une petite cellule, qui infectent les amibes, ces petits êtres unicellulaires mangeurs de bactéries. Le mystère de ces virus géants débute en 1992 à Bradford en

* La « formule chimique » du virus s'écrirait sous une forme un peu plus complexe : $C_{332\,652}\ H_{492\,388}\ N_{98\,245}\ 0_{131\,196}\ P_{7\,501}\ S_{2340}$.

Angleterre, lorsque des amibes particulières sont isolées dans des tours de climatisation. Ces amibes retiennent l'attention des microbiologistes, car elles sont infectées par des petites bactéries rondes dites « coccoïdes* ». Ces « cocci de Bradford » sont encore inconnues. Elles intriguent car il est impossible de les mettre en culture ni de les identifier par la technique de l'ARN 16S. Le microbiologiste marseillais Didier Raoult finit par montrer que cette « bactérie » n'est autre qu'un virus. Il baptise cette famille « mimivirus », en référence au fait que ce virus *mi*me un *mi*cro-organisme et parce qu'il lui rappelle les histoires de « Mimi l'amibe » que lui contait son père. La structure régulière de ces virus géants a été reconstituée en microscopie électronique.

Par certains aspects, ces organismes géants ne semblent pas être des virus : ils sont beaucoup trop grands et possèdent souvent deux types d'acides nucléiques (ADN et ARN), au lieu d'un, selon la définition du virus par Lwoff. Mais ils restent incapables de vivre de manière indépendante et, à ce titre, répondent bien à la définition générale. Des virus encore plus grands, les pandoravirus, ont été identifiés par la même équipe. Ces derniers infectent principalement les amibes et ont aussi été suspectés d'infecter l'homme. Les analyses génomiques de ces virus géants révèlent qu'ils sont aussi plus complexes que les autres virus. Ils peuvent être infectés par des virus parasites appelés virophages, dont ils se défendent par des mécanismes spécifiques. Ces virus inconnus il y a plus de quinze ans forment des familles très diverses qui participent à l'évolution de la biosphère.

Ces découvertes ont néanmoins poussé Didier Raoult et le spécialiste des virus des archées Patrick Forterre à proposer une nouvelle définition des virus et une nouvelle division du monde vivant. Ils divisent les entités biologiques en deux groupes : les

---

* Les cocci ou coccoïdes sont des bactéries de forme ronde, par opposition aux bacilles en forme de bâtonnet. Cette distinction est un critère de classement des bactéries.

organismes qui fabriquent eux-mêmes leurs protéines ; et les organismes comme les virus, qui dépendent de leurs hôtes pour fabriquer leurs protéines.

Les virus et leurs hôtes

Nous connaissons les virus par le biais des médecines humaine et vétérinaire et de l'agronomie, qui tentent de remédier à leurs effets indésirables. Ils sont donc avant tout associés aux rhumes hivernaux, aux souvenirs de grippe... ou aux signes du Covid-19. Mais la petite centaine de virus répertoriés qui rendent malades les hommes, les animaux et les plantes ne représente qu'une infime partie de tous ceux qui existent. La science ne s'était jusque-là intéressée qu'à ces seuls virus pathogènes. Pour lutter contre le Covid-19 aujourd'hui, il est indispensable d'élargir le champ de notre recherche, notamment sur les coronavirus d'autres espèces animales, susceptibles de franchir la barrière d'espèce.

La plupart des virus sont non pathogènes et entretiennent des relations symbiotiques avec leurs hôtes. Ils peuvent même avoir des interactions positives. Ainsi, la bactérie du choléra, *Vibrio cholerae,* n'est pathogène que lorsqu'elle est infectée par un virus qui lui fait produire sa toxine et lui permet d'être pandémique et d'envahir le monde. Du point de vue de la bactérie, c'est un avantage. De même, certaines plantes infectées par des virus deviennent résistantes à la sécheresse. Ces exemples, de plus en plus nombreux, renvoient à une complexité de la vie dont nous n'avions pas conscience.

L'étonnante syncytine et l'apparition des mammifères

Les virus ne sont pas seulement des reliques de l'évolution. Notre génome contient de nombreux fragments de gènes originaires de rétrovirus dits « endogènes » car ils restent présents comme des séquences abandonnées dans notre patrimoine génétique. Ces fragments tronqués de gènes viraux ne permettent plus la multiplication virale. Ils sont intégrés aux nôtres et transmis héréditairement. Selon la théorie de Darwin, s'ils ont été conservés dans notre patrimoine génétique, c'est qu'ils nous ont aidés à évoluer.

La syncytine a une histoire passionnante. Cette protéine virale est utilisée par les rétrovirus pour fusionner les membranes cellulaires et pénétrer dans la cellule. Le gène de la syncytine a été intégré dans le génome de reptiles par un rétrovirus devenu endogène il y a plus de 190 millions d'années. Ce gène viral s'est trouvé réutilisé au cours des brassages génétiques, pour donner naissance à la branche des mammifères en permettant le développement du placenta. En effet, le placenta est formé de cellules fusionnées, les syncytia, formées grâce à la syncytine. Sans ce virus, les mammifères n'auraient jamais pu se développer et nous pondrions toujours des œufs enveloppés dans des coquilles, comme le font tous les autres êtres vivants.

L'interdépendance entre virus et microbiote

Nous avons déjà largement décrit comment les virus étaient les agents des maladies contagieuses. Nous allons voir qu'ils utilisent parfois des stratégies sophistiquées pour se développer chez leur hôte.

Lors de l'épidémie de grippe espagnole de 1918, les médecins avaient remarqué que souvent la grippe ne tuait pas directement. La mort survenait après une surinfection purulente du poumon par un pneumocoque. « Si la grippe condamne, la surinfection exécute », avait résumé le médecin et hygiéniste Louis Cruveilhier. Ce virus rendait plus sensible aux infections bactériennes secondaires et augmentait leur gravité, principalement des pneumonies causées par le pneumocoque ou le staphylocoque. Un siècle plus tard, le mystère fut élucidé. Le virus de la grippe adhère fortement au pneumocoque, ce qui lui facilite la co-infection du poumon. Ainsi s'explique la synergie entre les bactéries et le virus de la grippe aux premières étapes de la maladie, et finalement l'observation de Cruveilhier. Ici, le virus sert de cheval de Troie à la bactérie.

Un mécanisme inverse d'entraide des bactéries au virus de la poliomyélite a été découvert au début des années 2010. Pour mieux entrer dans l'intestin de l'hôte, le virus utilise les bactéries intestinales pour faciliter sa pénétration et provoquer sa terrible infection. Dans ce cas, ce sont les bactéries qui aident le virus.

Il existe des preuves de coexistence, et donc de coévolution, des communautés bactériennes et virales tout au long de l'histoire des vertébrés. Les virus ont « appris » à utiliser dans leur environnement les bactéries commensales ou pathogènes pour mieux s'installer chez leur hôte.

Les virus et le cancer

On sait depuis longtemps que certains virus provoquent des cancers. En 1911, le biologiste Francis Peyton Rous a démontré qu'un virus était à l'origine du sarcome qui porte son nom, une tumeur osseuse du poulet. Cette découverte lui valut le prix Nobel de médecine avec retard, en 1966, le temps que ses conclusions précoces soient reconnues par la biologie. Le virus du sarcome de Rous était un rétrovirus, et cette révélation mena indirectement à deux autres prix Nobel : David Baltimore en 1975 pour l'identification de la réverse transcriptase*, une enzyme liée à cette famille de virus ; et Françoise Barré-Sinoussi et Luc Montagnier à l'Institut Pasteur en 2008 pour la découverte du VIH. D'autres virus oncogènes** sont bien connus, comme ceux de l'hépatite B et de l'hépatite C qui provoquent des cancers du foie, ou ceux des papillomes humains qui déclenchent des cancers des voies génitales, ou encore le virus d'Epstein-Barr responsable du lymphome de Burkitt. Notons que nous disposons de vaccins efficaces contre les virus de l'hépatite B et des papillomes humains.

---

* L'enzyme reverse transcriptase est l'enzyme qui permet de synthétiser un segment d'ADN à partir d'un ARN. C'est donc l'inverse de ce qui se passe naturellement dans le monde vivant, et c'est pourquoi le terme « reverse » a été utilisé.

** Oncogène : gène inducteur de cancer.

CHAPITRE 5

Les maladies infectieuses liées à la modernité

Comment vivre en harmonie avec la nature ? Comment ne pas écraser les fourmis ni détruire les lichens ou les fleurs minuscules lorsqu'on marche en forêt ? Surtout quand nous sommes 7,8 milliards de Terriens. Le rythme croissant des nouvelles épidémies émergentes reflète nos incursions de plus en plus fréquentes dans des espaces naturels, des niches jusque-là protégées et isolées.

La pression démographique

Les exemples abondent. L'émergence du virus Nipah* en Malaisie a suivi la déforestation liée à l'extension de la culture sur brûlis. Les chauves-souris ont perdu leur niche écologique et se sont rapprochées de l'homme. Elles se sont perchées dans des arbres au-dessus des nombreux élevages intensifs de porcs

* Le virus Nipah est un virus qui a émergé ponctuellement depuis 1998, provoquant des épidémies d'infections respiratoires et neurologiques avec une forte létalité de 40 à 75 % selon les pays.

regroupés dans de petites zones géographiques. Les excréments de chauves-souris ont infecté les porcs. Par ricochet, les éleveurs de porcs ont été contaminés. Un virus émergent est apparu.

Les maladies transmises par les moustiques comme la fièvre jaune, la dengue, le chikungunya ou le virus Zika sont toutes associées à la surpopulation urbaine, aux médiocres conditions d'assainissement et de stockage de l'eau en ville. L'urbanisation et la misère ont aussi profité à d'autres vecteurs de maladies infectieuses : les rongeurs, transmetteurs de maladies comme la peste.

La pandémie de Covid-19 qui a frappé la planète en 2020 est un rappel à l'ordre : les habitations et tous les lieux où l'on se rassemble, transports en commun, navires de croisière ou navires militaires, stades, bars, restaurants, plages, aéroports, etc., catalysent la propagation de la maladie, tout comme les mouvements de population. Le danger est d'autant plus grand que beaucoup de personnes infectées sont asymptomatiques.

Nous commençons seulement à prendre conscience que, pour vivre en plus grande harmonie avec la nature et limiter ces risques, il va falloir changer nos comportements, reconstruire nos infrastructures, repenser la conception de nos villes, l'urbanisme, l'architecture des maisons et des lieux de travail, et jusqu'aux réseaux d'égouts. Cela prendra du temps.

Les microbes faiseurs de saisons

LES VIRUS OCÉANIQUES INTERVIENNENT DANS LE CYCLE DU CARBONE

Même si les virus représentent une faible part de la masse totale de carbone de la planète, ils ont un effet réel sur la biosphère. Le plancton et les cyanobactéries captent le carbone de l'atmosphère par la photosynthèse, comme les plantes. Une partie de ce carbone s'enfonce de la surface vers les couches sédimentaires de l'océan où il est capté pour des durées très longues. Cette « pompe biologique » transfère ainsi plus de 3 gigatonnes de carbone chaque année à l'échelle de la planète. Or ce cycle est perturbé par les virus qui infectent et détruisent environ 10^{28} bactéries des océans chaque jour. Le résultat sur le cycle du carbone est important. En provoquant une forte mortalité microbienne marine, les virus pèsent sur les cycles géochimiques marins. Des modélisations ont montré que les virus bactériens jouent le rôle de catalyseurs. Ils accélèrent la transformation d'organismes vivants en nutriments solubles, qui peuvent être assimilés par les communautés microbiennes, réduisant ainsi la vitesse à laquelle le carbone est capturé dans les sédiments profonds. Les virus ont donc un rôle régulateur majeur sur les quantités importantes de carbone océanique dont on sait le rôle dans l'évolution climatique actuelle.

LE PETIT ÂGE GLACIAIRE ET LA VARIOLE

Quand l'homme est malade, la Terre tousse. Entre le XVIe et le XVIIe siècle, l'Europe a connu un « petit âge glaciaire ». En 1607, la Tamise à Londres fut prise en glace pour la première fois. Les glaciers des Alpes atteignirent leur maximum – le glacier des Bossons a depuis reculé de plus de 2 kilomètres. Pendant tout le XVIIe siècle, en Savoie, des processions imploraient l'arrêt de l'avancée des glaciers. L'explication de ce long refroidissement se trouvait justement dans la glace. Des études de carottages de la banquise antarctique ont permis de remonter le temps. En mesurant le niveau de CO_2 des petites bulles d'air emprisonnées dans la glace, les scientifiques ont observé une réduction du CO_2 atmosphérique entre les années 1570 et 1620 : le refroidissement des températures est corrélé à une diminution du gaz carbonique dans l'atmosphère.

Une hypothèse relie le petit âge glaciaire, le taux de CO_2 et la disparition brutale des Amérindiens. Lorsque les maladies infectieuses ont décimé les Amérindiens, des millions d'hectares qui n'étaient plus cultivés ont été reconquis par la forêt. Le conquistador Pánfilo de Narváez, après ses démêlés avec Hernán Cortés, avait lancé une expédition pour conquérir la Floride qui échoua. Une tempête puis l'hostilité des populations indiennes eurent raison de l'aventure. Il y eut quatre survivants, dont Cabeza de Vaca, le trésorier, qui fut esclave des Indiens, trafiquant, médecin et parfois évangélisateur. Il vécut huit ans d'errance pendant lesquels il traversa le Texas et le Mexique à pied, avant de reprendre contact avec les conquistadores espagnols. En 1542, il rédigea son rapport au roi Charles Quint sous le titre *Relation de voyage,* dans lequel il prenait le parti des Indiens : « Finalement, jamais on ne put arriver à faire croire aux Indiens que nous étions nous aussi chrétiens, et ce n'est qu'au prix de beaucoup d'insistance et d'importunités que nous les fîmes revenir chez eux ; nous leur ordonnâmes de se tranquilliser, d'installer leurs villages, d'ensemencer et de labourer la terre, laquelle, d'être dépeuplée, était déjà envahie par la broussaille ; cette terre est sans aucun doute la meilleure de toutes celles qu'il y a aux Indes, la plus fertile et la plus abondante en ressources, on l'ensemence trois fois par an ». 65 millions d'hectares de terre avaient été abandonnés. Le retour à la forêt de ces terres jusque-là cultivées a entraîné la séquestration de 1 milliard de tonnes de carbone retirées ainsi de l'atmosphère au cours du siècle.

Les populations indiennes ont disparu en quelques décennies après l'arrivée de Christophe Colomb en 1492. La séquestration du carbone a été maximale 20 à 50 ans après. Ce pic a donc été atteint entre 1550 et 1650, ce qui expliquerait le refroidissement du climat que la planète a connu à l'époque. Le virus de la variole, responsable de l'épidémie meurtrière qui a anéanti les Amérindiens, aurait donc eu un effet majeur sur le climat mondial. Bien entendu, ce n'est qu'une hypothèse.

LE COVID-19 ET LE RÉCHAUFFEMENT CLIMATIQUE

En 2020, la pandémie de Covid-19 a ralenti l'économie mondiale pendant plusieurs mois. Le trafic aérien a chuté, le tourisme international de masse, en constante augmentation depuis cinquante ans, s'est effondré. À l'automne 2020, le produit intérieur brut (PIB) des grandes puissances avait déjà diminué de 10 à 20 %, par rapport à 2019, alors que l'année n'était pas finie.

Mais ce ralentissement économique a eu des effets bénéfiques pour l'écologie. Même si le réchauffement global s'est poursuivi, 2020 a été une moins mauvaise année que les précédentes. Les émissions de CO_2 dans l'atmosphère et la consommation des ressources de la planète ont été réduites. En 2020, le jour du dépassement de la Terre*, jour de l'année à partir duquel l'humanité consomme au-delà des réserves renouvelables de la

* Le « jour du dépassement de la Terre » est la date de l'année, calculée par l'ONG américaine Global Footprint Network, à partir de laquelle l'humanité est supposée avoir consommé l'ensemble des ressources que la planète est capable de régénérer en un an. En 1986, il était le 31 décembre. Il n'avait cessé d'avancer jusqu'en 2019, où il était le 29 juillet. Mais en 2020, il est repassé au 22 août.

Terre, a reculé de trois semaines par rapport à 2019, alors qu'il n'avait cessé d'avancer depuis 1986.

Encore une fois, comme lors de la conquête des Amériques, une infection virale a eu un impact sur le climat général de la planète.

Le climat, influenceur des maladies infectieuses...

LA GRIPPE SAISONNIÈRE

La saisonnalité de certaines maladies infectieuses est connue depuis l'Antiquité. Hippocrate, le « père de la médecine », décrit déjà le phénomène vers 400 avant J.-C. dans son *Livre des épidémies*. De nos jours, la grippe se dit en anglais *influenza*, terme qui provient sûrement de la locution italienne « *influenza del freddo* », « influence du froid », qui indique clairement le caractère saisonnier de l'infection. Le mot apparaît pour la première fois dans un traité médical anglais du XVIIIe siècle faisant référence à l'épidémie de 1743.

Depuis, de nombreux virus respiratoires à l'origine de ces épidémies de rhume, de grippe ou, plus récemment, du Covid-19 connaissent une recrudescence en hiver. La saisonnalité concerne aussi les virus qui circulent l'été, comme les entérovirus. À l'époque des grandes épidémies de poliomyélite causée par un entérovirus, la maladie flambait aux beaux jours.

Les épidémies à virus respiratoires ont donc des déterminants saisonniers. Les variations de température, d'humidité, d'ensoleillement jouent leur rôle, tout comme les conditions intrinsèques de l'hôte, son statut vitaminique, son état immunitaire et son comportement. Ces déterminants sont donc de trois ordres : les facteurs environnementaux, les comportements de l'hôte et sa réceptivité au virus.

Les facteurs environnementaux affectent la viabilité et la transmission des virus respiratoires. Les virus sont sensibles aux températures et aux rayons ultraviolets. La plupart des virus sont détruits par la chaleur et par l'humidité. Le virus de la grippe peut survivre trois jours sur un billet de banque ; le virus de la grippe de 2009 a survécu dans l'eau froide d'un lac à 4 °C pendant plus de 200 jours*. Le vent est un facteur de dispersion important. Le précepte « aérez la chambre » était bien connu à la Belle Époque, quand les pneumologues soignaient les malades de la tuberculose. Enfin, dans l'air par une belle journée d'été, les rayons ultraviolets éliminent rapidement tous les virus. Cela posé, nous sommes aujourd'hui moins soumis aux effets physiques des variations de température que le paysan du Moyen Âge. Nous avons les moyens de limiter les effets des variations saisonnières dans notre vie quotidienne et dans nos déplacements. Le chauffage l'hiver, la climatisation l'été dans les immeubles, dans les transports, réduisent les écarts de température au cours de l'année.

Nos comportements contribuent à la circulation du virus. Ils peuvent ou non faciliter les contacts. Pendant la semaine de travail, nous interagissons davantage avec d'autres que le week-end, qu'il y ait du soleil, qu'il pleuve ou qu'il fasse froid. Les mauvaises conditions météorologiques, qui poussent à se couvrir, auraient-elles un effet sur la saisonnalité des infections ? Pas exactement. Dans le monde industrialisé, on interagit, on dort, on voyage dans des espaces clos où l'on partage une quantité limitée d'air respirable. Et ce 90 % du temps. Le plus souvent, la maladie ne se transmet pas à l'extérieur, mais à l'intérieur.

* Le virus survit dans l'eau froide mais il est détruit par la chaleur humide. Plus il fait chaud, plus les molécules s'agitent et cassent la structure du virus. Pour stériliser les instruments de chirurgie, on les place dans un autoclave qui produit de la chaleur humide.

Ainsi, ce sont les taux de renouvellement de l'air modulés par les conditions saisonnières qui sont les principaux moteurs des tendances saisonnières. Il faut parfois en passer par une politique autoritaire pour contrôler ces comportements : le confinement total au printemps 2020 pour lutter contre le Covid-19 a eu pour objet de suspendre toutes les interactions humaines non indispensables, y compris au travail.

L'immunité, enfin, influe sur la saisonnalité de la maladie. Elle peut décroître plus ou moins rapidement après l'infection et favoriser une rythmicité liée aux variations de l'immunité collective. À l'hiver 2020, cette question n'était pas résolue concernant la pandémie de Covid-19, dont on ignorait encore sous quelle forme elle pourrait persister.

L'IMPACT D'EL NIÑO

Le courant chaud présent le long des côtes pacifiques d'Amérique du Sud a été baptisé El Niño par les pêcheurs péruviens en référence à l'Enfant Jésus, car il surgissait certaines années aux alentours de Noël et marquait la fin de la saison de pêche. Le mécanisme est simple : les eaux chaudes qui circulent en surface bloquent les remontées d'eau froide des profondeurs, chargées de nutriments. Les poissons s'éloignent donc des côtes où ils ne trouvent plus à se nourrir. El Niño est lié à de vastes modifications atmosphériques qui entraînent des précipitations abondantes et de bonnes récoltes sur le plateau du Pérou. Les oscillations de température ne surviennent pas tous les ans, sans que l'on comprenne pourquoi. Ce phénomène connu depuis des milliers d'années modifie profondément le climat dans la zone océanique intertropicale. Il est corrélé à un cycle de variation de la pression atmosphérique entre les parties est et ouest du Pacifique, nommé l'oscillation australe. On l'appelle aussi El Niño-Southern Oscillation (ENSO).

El Niño est suspecté d'avoir contribué à l'épidémie de fièvre jaune de 1647 qui éclata dans tout l'arc des Caraïbes. De manière générale, de nombreuses maladies infectieuses, y compris vectorielles et hydriques (transmises par l'eau), sont influencées par El Niño. Il perturbe les régimes pluviométriques, ce qui fait déborder les égouts, qui contaminent les rivières. Il modifie les températures dans les deux tiers du globe et pèse donc sur la densité de moustiques vecteurs. Ainsi, il existe des liens entre El Niño et le paludisme, la dengue, la maladie à virus Zika. El Niño a aussi des effets sur le choléra et la peste jusqu'à Madagascar.

Le rôle du réchauffement climatique

Les activités humaines ont profondément affecté l'écosystème de la planète, le fait ne se discute plus. Les géologues ont identifié dans les sédiments de nouveaux matériaux, notamment l'aluminium, le béton et les plastiques, autant de « technofossiles » abondants et en augmentation rapide. L'homme est devenu capable de modifier profondément, et de plus en plus, les processus géologiques. Nous sommes entrés dans l'ère géologique de l'« Anthropocène* », marquée par l'empreinte humaine. Quand a-t-elle commencé ? Les propositions de réponse varient entre les débuts de l'extension de l'agriculture, la découverte du Nouveau Monde, la révolution industrielle du XIXe siècle, ou enfin la « grande accélération » de la croissance démographique et de l'industrialisation au

---

* L'Anthropocène, littéralement l'« ère de l'humain », est une proposition récente pour désigner la dernière ère géologique, marquée profondément par les activités humaines. Il n'existe pas de consensus quant à la datation du début de cette ère.

milieu du XXe siècle. Tous les êtres vivants sont touchés par ces changements, notamment les agents des maladies infectieuses, quels qu'ils soient.

La propagation vers les pôles des maladies qui se transmettent par l'eau, comme le choléra, est corrélée au réchauffement et à la baisse de salinité des eaux liée aux pluies plus fréquentes. Il en est ainsi des infections à *Vibrio cholerae* au Bangladesh et de la présence récente de plusieurs *Vibrio* en mer Baltique et en mer du Nord.

Le réchauffement favorise aussi la croissance des moustiques vecteurs de maladies. Pour mémoire, la majorité de près de 500 espèces d'arbovirus connus sont transmis par diverses espèces de moustiques et de tiques aux animaux et aux hommes. Depuis une cinquantaine d'années, le changement climatique modifie l'aire de répartition des insectes vecteurs de ces maladies, et celle des maladies elles-mêmes. Ces maladies sont donc en constante évolution géographique. Le rythme s'est accéléré au seuil du XXIe siècle.

Le réchauffement climatique agit aussi sur l'efficacité avec laquelle un moustique peut transmettre une infection. Ce paramètre dépend du temps entre le moment où le vecteur se nourrit sur un hôte infecté et celui où il devient lui-même infectieux. À des températures plus élevées, ce laps de temps peut être réduit, offrant ainsi à ce vecteur plus d'opportunités de transmission. En France, par exemple, à la suite de l'installation du moustique tigre *Aedes albopictus* à partir des années 2000, des poussées épidémiques de dengue et d'infection à virus Zika ont été observées sur le territoire métropolitain.

Toutefois, ces maladies ont des écosystèmes complexes que nous connaissons encore mal, ce qui rend difficile de prévoir l'impact du changement climatique. Faut-il s'attendre à l'augmentation des maladies à transmission vectorielle ? Ou doit-on traiter ces prévisions catastrophistes avec prudence ?

En tout cas, l'installation des insectes vecteurs et l'extension des maladies qu'ils transmettent sont très surveillées par les épidémiologistes, car elles sont des marqueurs du réchauffement climatique.

Partie IV

La découverte d'un vaccin contre le Covid-19 à l'Institut Pasteur

L'invention des vaccins au cours des deux derniers siècles a progressivement tenu les maladies infectieuses en respect, éliminant le risque de nombreux fléaux meurtriers. Mais cette victoire n'est pas définitivement acquise. De nouveaux virus surgissent régulièrement. Comment les contrôler ? La pandémie de Covid-19 a défié les capacités de réaction de l'humanité en 2020. Des vaccins contre ce nouveau virus ont été mis au point en moins d'un an. Après une brève histoire des vaccins et de la vaccination, nous ferons le récit de l'aventure inouïe qu'ont représentée la recherche et la mise au point d'un vaccin contre le Covid au cours de l'année 2020 à l'Institut Pasteur, dans le laboratoire de Frédéric Tangy.

CHAPITRE 1

Une brève histoire des vaccins et de la vaccination

L'origine des maladies infectieuses est longtemps restée mystérieuse, comme l'origine de la vie. Jusqu'à la fin du XIXe siècle, on croyait à la théorie de la génération spontanée, avant que Louis Pasteur ne lui torde le cou devant l'Académie des sciences en 1862, et qu'il s'emploie à démontrer l'existence d'un monde microscopique inconnu. Dès lors, on pouvait agir sur lui. La démarche vaccinale allait bientôt suivre.

Trois ans auparavant, Charles Darwin avait publié *L'Origine des espèces*, livre dans lequel il expliquait que les espèces naturelles se sont diversifiées à partir d'un ancêtre commun. Les micro-organismes de Pasteur s'intégraient parfaitement dans la théorie de l'évolution, en se plaçant à l'origine de toutes les espèces, aux racines de l'arbre généalogique de la vie, en somme. La génération spontanée ne faisait donc plus aucun sens. La filiation expliquait la présence et l'origine des micro-organismes qui avaient toujours été là et qu'on identifiait maintenant sous le microscope, dans les prélèvements des malades. C'étaient eux les responsables des maladies infectieuses.

Après sa brillante démonstration, et sans avoir jamais pu observer les virus contre lesquels il se battait, faute de microscope suffisamment puissant, Pasteur mit en place la méthode de l'atténuation pour produire des vaccins. Il suivait la voie tracée par le médecin de campagne anglais Edward Jenner, père du vaccin contre la variole. Il posa les bases scientifiques de la vaccinologie avec son vaccin contre la rage. Au début du XXe siècle, cette nouvelle science s'est révélée féconde avec le développement des vaccins contre la diphtérie, le tétanos, la typhoïde, la tuberculose et la fièvre jaune. La mortalité par maladies infectieuses commença à reculer en France, et l'espérance de vie à augmenter.

L'autre découverte majeure fut, en 1928, celle des antibiotiques de la famille des pénicillines par sir Alexander Fleming. Le recul des maladies infectieuses fut alors spectaculaire. Désormais, les maladies virales étaient jugulées par les vaccins, tandis que les antibiotiques éliminaient les bactéries pathogènes. Résultat ? La population mondiale connut une croissance sans précédent au cours du XXe siècle.

La variolisation, une invention chinoise

Il a fallu des millénaires à l'homme pour comprendre que le soleil et les étoiles ne tournaient pas autour de la Terre. On a encore du mal à se le figurer, d'ailleurs, quand on regarde le ciel. Il en est de même avec les maladies infectieuses. Si les hommes ont vite constaté qu'ils se les transmettaient, ils ont compris beaucoup plus tard *comment* ils se les transmettaient, et plus récemment encore que des microbes étaient en cause. Mais les peuples anciens avaient bien remarqué qu'une fois qu'un homme avait eu une maladie, il ne l'attrapait plus. Nombre d'entre eux ont ainsi utilisé la maladie elle-même en traitement ou en prévention, sans comprendre les mécanismes en jeu. Ainsi, au VIIe siècle, des Indiens bouddhistes se prémunissaient contre le poison des morsures de serpent en buvant le venin récolté sur des reptiles en captivité. Cette méthode leur permettait de développer des anticorps qui les protégeaient. Il s'agissait bien d'une forme de vaccination primitive, bien qu'elle ne visât pas une maladie infectieuse mais les toxines de serpents.

Les médecins chinois, de leur côté, pratiquaient la « variolisation » depuis le XVIe siècle au moins. En quoi cela consistait-il ? La variole, dont il a été question à plusieurs reprises dans ce livre, est une maladie extrêmement contagieuse, avec un taux de mortalité élevé, transmise par le virus du même nom qui a circulé dans l'humanité pendant plusieurs milliers d'années avant d'être éradiqué à la fin du XXe siècle. La variolisation, rudimentaire mais efficace, consistait à inoculer du pus ou des croûtes prélevés sur les lésions d'une personne variolique faiblement malade afin d'induire une protection chez une personne saine. Cette technique n'était pas sans risque : elle aboutissait à une variole virulente et mortelle chez 2 à 3 % des vaccinés. Elle s'est néanmoins répandue en Chine au cours des nombreuses épidémies qu'elle a connues. Si tout se passait bien, l'enfant présentait une légère fièvre et une forme mineure de variole. Des pères jésuites présents à Pékin attestèrent cet usage jusqu'à la cour de l'empereur chinois au début du XVIIIe siècle.

La variolisation se propagea en Occident *via* la route de la soie, voie royale des échanges commerciaux. En Europe, on l'accueillit comme un folklore avant qu'elle ne soit promue au début du XVIIIe siècle par lady Mary Wortley Montagu, une Anglaise devenue célèbre qui était la femme d'un ambassadeur de la couronne d'Angleterre auprès de l'Empire ottoman. Ayant contracté elle-même la variole, et son frère en étant mort, elle avait repéré cette méthode utilisée à Constantinople où elle vivait et, terrorisée à l'idée que ses jeunes enfants ne tombent malades à leur tour, elle la leur avait appliquée. De retour en Angleterre, elle s'empressa d'en faire la publicité. Depuis le royaume de Sa Majesté, la variolisation se diffusa progressivement au reste de l'Europe et du monde. La couronne de France fut une des dernières à céder à cette nouvelle mode alors que la variole s'acharnait sur ses propres descendants.

À la fin du XVIIIe siècle, l'idée d'inoculer « un peu d'une maladie faible pour se protéger de la maladie grave » est bien ancrée. Mais de nombreux obstacles freinent encore la généralisation de la variolisation, notamment le fait qu'elle peut parfois conduire à une véritable variole et à la mort du sujet vacciné. La méthode doit être améliorée. Il y a donc la place pour les travaux d'Edward Jenner.

Le bon docteur Jenner et l'éradication de la variole

À la même époque, Edward Jenner, un médecin de campagne anglais, exerçait à Berkeley dans le Gloucestershire. Il observa que les paysans qui trayaient les vaches, le plus souvent des femmes ou des enfants, présentaient des pustules sur les mains semblables à celle du pis des vaches atteintes de *cow-pox,* ou variole de la vache, qui se propageait dans les troupeaux. Ces pustules ressemblaient aussi curieusement à celles de la variole humaine. Jenner observa également que les trayeuses « pustuleuses » résistaient à la variole humaine lors des épidémies. Il pensa à utiliser la variole de la vache pour protéger de la variole humaine et tenta un nouveau type de variolisation en inoculant à un enfant sain de la lymphe prélevée sur les mains d'une fermière atteinte de la variole de la vache. Quelques semaines après, il injecta au même enfant une préparation de pus varioleux prélevé chez un malade gravement atteint. Le jeune garçon ne développa pas la maladie : il était immunisé.

Le docteur Jenner avait ainsi démontré qu'en inoculant le *cow-pox* de la vache, moins virulent que la variole humaine, il induisait une protection contre la variole humaine. Une première scientifique ! Il étendit son expérience sur d'autres « cobayes » et montra qu'il pouvait « repiquer » le *cow-pox*, c'est-à-dire le transmettre par réinoculation d'un homme à un autre. En pratique, l'homme est infecté, mais sans développer de pathologie. Cette infection transitoire le protège à vie contre une possible infection ultérieure par la variole humaine. Les publications de Jenner sur le sujet, entre 1798 et 1801, lui valurent un énorme succès. Il fut comblé d'honneurs. « La disparition de la variole, le fléau le plus effroyable du genre humain, doit être l'aboutissement de cette pratique, cela devient trop évident pour tolérer la moindre discussion », prophétisait-il en 1801. « Blossom », la vache mobilisée pour la première expérience, est devenue une icône. Son portrait trône actuellement au musée Jenner à Berkeley. Et, à défaut d'avoir été empaillée, sa peau est depuis suspendue au mur de la bibliothèque du Saint George's Hospital de Londres.

Jenner baptisa le prélèvement de la vache *Variolae vaccinae*, sans savoir qu'il s'agissait du virus *cow-pox*, puisqu'on ignorait encore l'existence des virus. Après plus d'un siècle de manipulations, de cultures et de repiquages, ce virus de la vaccine, d'origine inconnue, a permis d'éradiquer la variole de la planète.

Mais cette victoire qui allait changer la face du monde a commencé par inspirer la méfiance. En 1802, James Gillray caricatura les Anglais craignant de se transformer en vache après leur vaccination.

Figure 9. *Le Cow-Pox ou les merveilleux effets de la nouvelle inoculation*, James Gillray, juin 1802 (source : Wikimedia Commons).

Malgré les réticences, la vaccination jennérienne se répandit rapidement en Grande-Bretagne, en Europe continentale et aux États-Unis. Mais les injections n'étaient pas toujours stériles. Il y eut des problèmes de contamination, par exemple de transmission de la syphilis par la lymphe. Ces accidents apportèrent de l'eau au moulin des opposants, déjà actifs, qui prétendaient que la vaccination remettait en cause la volonté divine. L'Angleterre fut la première à rendre le vaccin de Jenner obligatoire pour les nouveau-nés dès 1840 – en France, ce sera en 1902. Et le royaume de Sa Majesté interdit en 1853 la méthode ancestrale de variolisation. La conséquence immédiate de ces mesures fut de rendre le vaccin impopulaire. De son côté, Napoléon Ier avait immédiatement compris l'avantage stratégique de disposer de soldats en bonne santé et protégés des épidémies. Il se fit vacciner en public en 1811 avec son fils sur le front des troupes au camp de Boulogne et rendit la vaccination obligatoire dans les armées le 29 mai 1811.

Il fallut régler les problèmes de production de masse du vaccin. La méthode utilisée, celle qui consistait à prélever les flancs de veaux scarifiés, se diffusa progressivement en Europe et fut définitivement adoptée au congrès médical de Lyon en 1864. La production « bras à bras », c'est-à-dire par « repiquage » d'un individu à l'autre, sera encore longtemps utilisée en Angleterre, mais elle sera définitivement bannie en 1898 pour éviter les risques de contamination par d'autres pathogènes. Ce vaccin révolutionnaire pour l'humanité a vite démontré ses bienfaits. À la fin du XVIIIe siècle, du fait d'une mortalité infectieuse effroyable, l'espérance de vie à la naissance était d'environ 20 ans. Elle doubla dès le premier quart du XIXe siècle.

En 1959, l'OMS initia une campagne de vaccination mondiale. À cette époque, si la variole avait été éliminée des pays développés, une grande partie de l'humanité restait exposée avec, par an, 50 millions de cas et approximativement 2 millions de décès. C'est l'URSS qui a fourni la plus grande partie des doses de vaccin pour la planète, et les équipes de médecins engagés parcouraient le monde au mépris du danger pour vacciner en masse dans des pays instables, des régions reculées, avec une logistique rudimentaire. Si un cas de variole survenait, une stratégie de vaccination dite « en anneau » ou « en ceinture » était mise en place pour contenir la flambée de l'éventuelle épidémie. Cette stratégie visait à créer autour du malade une ceinture de personnes vaccinées qui bloquaient la chaîne de transmission.

Cette stratégie s'est avérée efficace pour contenir les foyers épidémiques résiduels*. Les progrès continuèrent jusqu'au

---

* Elle a d'ailleurs été remise au goût du jour lors de la récente et tragique épidémie de fièvre à virus Ebola en Afrique de l'Ouest en 2015 pour l'essai vaccinal « Ebola, ça suffit ! » réalisé par l'OMS en Guinée.

26 octobre 1977, date à laquelle la prophétie d'Edward Jenner se réalisa enfin. Il y eut un dernier cas de variole répertorié, celui d'Ali Maow Maalin, un cuisinier d'hôpital infecté le 26 octobre 1977 à Merca en Somalie. Après quoi, le virus disparut définitivement de la surface de la terre. En 1980, la 33e assemblée générale de l'OMS proclama officiellement que la variole était éradiquée. Ce fut un événement fondateur dans l'histoire de l'humanité, dont les répercussions furent bien plus importantes que celles du premier homme à marcher sur la Lune. La variole avait tué 300 millions de personnes au XXe siècle, soit près de 4 millions par an en moyenne. Au cours de l'année 2020, par comparaison, le Covid-19 en a tué 1,7 million.

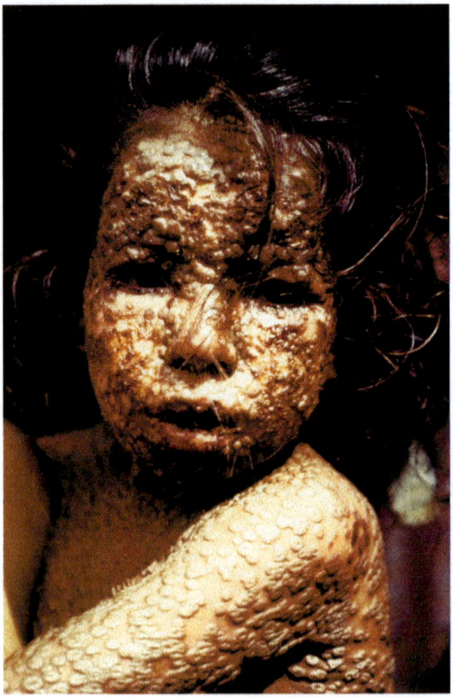

Figure 10. Enfant atteint de variole au Bangladesh en 1973 (source : CDC/Wikimedia Commons).

Dans un contexte géopolitique de guerre froide, des échantillons de virus virulents de la variole ont été conservés dans deux laboratoires des superpuissances de l'époque, les États-Unis et l'URSS. Il est toujours stocké aux Centers for Disease Control (CDC), à Atlanta en Géorgie, et en Russie au centre de recherche en virologie et biotechnologies Vector de Novossibirsk.

Le génie de Pasteur

Entre les travaux pionniers de Jenner à la fin du XVIIIe siècle et l'éradication de la variole à la fin du XXe, les découvertes de Louis Pasteur constituent une étape fondamentale. Il a posé les bases de la microbiologie, de l'immunologie et, avec le vaccin contre la rage, des mécanismes à l'œuvre dans la vaccination. À l'issue de ses travaux contre le charbon (anthrax) qui décimait les troupeaux de vaches et de moutons, Pasteur propose lors d'un congrès en Angleterre en 1881 d'utiliser le terme « vaccin » en l'honneur de Jenner.

Pasteur est un des personnages français les plus connus au monde avec Charles de Gaulle, Napoléon ou encore Victor Hugo. Il n'y a pas une ville, pas un village qui n'ait une rue ou une école à son nom. Lors de la célébration du centenaire de l'Institut Pasteur, le prix Nobel de médecine François Jacob a comparé cette icône nationale à Napoléon. « Énoncer les travaux de Pasteur, c'est lire des bulletins de victoire. En fait, il y avait un côté militaire en Pasteur. Il y avait du Napoléon dans sa manière de toujours prendre l'initiative, de changer brusquement de terrain, d'apparaître là où on ne l'attendait pas, de concentrer soudain ses forces dans un secteur étroit », a-t-il dit dans son discours devant l'Académie des sciences. Pasteur a mené bataille contre des dogmes séculaires erronés, et il a triomphé.

Né à Dole dans le Jura le 27 décembre 1822, alors que Louis XVIII règne encore sur la France, Louis Pasteur traverse ce siècle mouvementé comme un météore, sans que les régimes politiques qui se succèdent le fassent dévier de sa course, ou plutôt de sa mission messianique. Il est le troisième d'une famille modeste et provinciale. Son père, Jean-Joseph Pasteur, profondément bonapartiste, est un sergent-major de la Grande Armée. À la chute de l'Empire en 1814, il est renvoyé dans ses foyers, la Légion d'honneur fièrement accrochée à sa boutonnière. Marié à Jeanne-Étiennette Roqui, il reprend l'entreprise familiale de tannerie à Dole avant de déménager la famille à Arbois en 1830. C'est là que Louis passe son enfance. Le fils du tanneur est un brillant sujet. En 1843, après ses études secondaires, il intègre l'École normale supérieure, rue d'Ulm à Paris, et démarre sa carrière de chimiste en s'intéressant à la polarisation de la lumière et ses effets sur des cristaux de sels d'acide tartrique. Ses travaux le conduisent à envisager la structure tridimensionnelle des molécules chimiques. Muté à Strasbourg, il devient titulaire de la chaire de chimie de l'université en 1852 et reçoit la Légion d'honneur en 1853 pour la synthèse de l'acide racémique*. En 1854, il est nommé professeur de chimie et doyen de la faculté des sciences de Lille nouvellement créée. À la demande des brasseurs et des producteurs d'alcool de betterave de la région, il s'intéresse aux fermentations alcooliques et jette les bases de la microbiologie. En 1857, il revient à Paris et finit par prendre la tête de l'École normale supérieure, qu'il dirige d'une main de fer. La rue d'Ulm sera son fief.

Il fait rapidement installer un laboratoire dans les combles du bâtiment d'enseignement. Parallèlement à ses travaux sur les

* Louis Pasteur a montré que les tartrates ou sels d'acide tartrique issus de la fermentation du jus de raisin sont composés de deux molécules identiques d'acide tartrique qui sont l'image l'une de l'autre dans un miroir. L'une fait tourner le plan de polarisation de la lumière polarisée vers la droite, l'autre vers la gauche. Le mélange des deux s'appelle l'acide racémique et ne modifie pas la direction du plan de polarisation de la lumière.

fermentations, Pasteur s'intéresse de plus en plus aux microbes qu'il découvre sous son microscope. C'est alors que Félix-Archimède Pouchet, conservateur du muséum d'histoire naturelle de Rouen, publie une note à l'Académie des sciences sur ce qu'il appelle la « génération spontanée ». Pour lui, les germes et les bactéries que l'on voit au microscope sont des êtres inférieurs qui surgissent spontanément dans l'environnement. Ils n'ont pas besoin de parent pour naître. Pasteur, irrité par ces inepties, affronte Pouchet à l'Académie des sciences. Il fait sa démonstration avec ses fameux ballons à col de cygne. Ces ballons, dotés d'un long tube de verre effilé en forme de « S », contiennent un milieu stérile. L'air qui entre par les sinuosités, sans avoir été ni chauffé, ni filtré, ni lavé, ne contamine pas le milieu qui se trouve au fond du flacon, alors qu'il contamine une goutte placée à l'entrée du circuit. La seule explication est que les germes ont été arrêtés par les sinuosités et se sont déposés sur le verre avant d'atteindre le fond du flacon. Sur la mer de Glace, à Chamonix, Louis Pasteur démontre que plus l'air est pur, moins les ballons sont contaminés. Cette querelle aiguise les curiosités. Elle interroge sur le sens du vivant, son origine et les lois de l'hérédité qui ne sont pas encore connues. L'Académie veut trancher. Elle offre un prix à celui qui permettra de donner les conclusions les plus claires à cette question. En 1862, Louis Pasteur défait Pouchet à l'Académie des sciences, à laquelle il finit par être élu.

En mars 1863, Pasteur est sollicité par Napoléon III pour résoudre le problème de la « maladie du vin » qui frappe les grands vignobles où le vin se transforme en vinaigre. Le chimiste monte alors un laboratoire à Arbois dans les vignes du Jura et met au point un procédé pour éliminer les ferments résiduels du vin par chauffage rapide : la pasteurisation. Ce procédé est toujours largement utilisé dans toute l'industrie agroalimentaire. En 1867, il doit résoudre une épidémie décimant les élevages de vers à soie qui fournissent les filatures de Lyon. Utilisant la même méthode expérimentale, très simple et très féconde, qui consiste

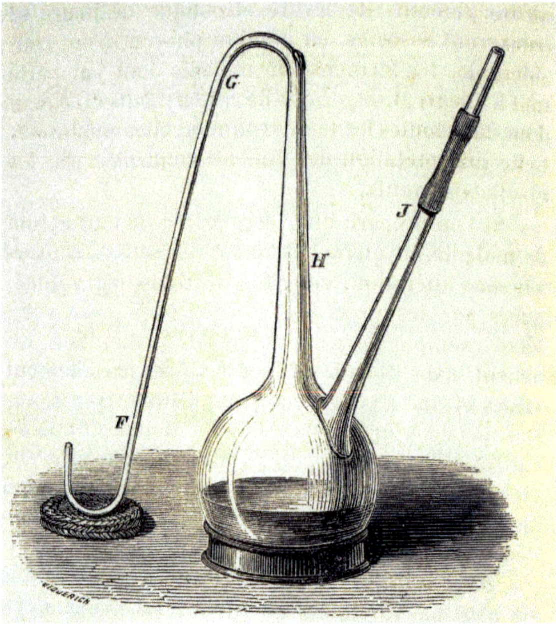

Figure 11. Ballon à col de cygne (source : Wikimedia Commons).

à observer et réfléchir, il se déplace avec ses microscopes à Alès. Élu en 1873 à l'Académie de médecine, malgré les réticences et le conservatisme du monde médical à l'égard d'un non-médecin, il poursuit ses travaux sur les maladies infectieuses et publie en 1877 un mémoire intitulé *La Théorie des germes et ses applications à la médecine et la chirurgie*, dans lequel il préconise la stérilisation pour la chirurgie.

En travaillant sur le choléra des poules, dont il a identifié le germe responsable, il découvre par hasard une méthode d'atténuation de la virulence des germes pour faire des vaccins. Durant l'été 1877, des cultures de choléra des poules ont été malencontreusement oubliées par un préparateur distrait sur une paillasse. À son retour, Louis Pasteur se met en colère. Émile Roux, son fidèle assistant, tente de revivifier les germes en les injectant à des poules... mais elles ne tombent pas malades.

Pasteur s'en étonne. Alors il réinjecte aux mêmes poules une culture neuve de choléra. Les poules survivent toujours. Pour en avoir le cœur net, Pasteur fait injecter à de nouvelles poules vierges une culture virulente. Cette fois elles tombent malades. Il comprend immédiatement ce qui s'est passé : les cultures laissées à l'air se sont atténuées et transformées en vaccin. À la différence de Jenner qui avait pris une souche différente de virus, Pasteur a transformé par contact avec l'oxygène de l'air une souche virulente en souche vaccinale. Il a découvert ce procédé à partir d'une expérience ratée que d'autres n'auraient même pas prise en compte ! Le 26 avril 1880, il communique à ce sujet à l'Académie des sciences, tout en se gardant d'expliquer comment il atténue sa souche.

Quelques années avant que Pasteur ne se penche sur le problème de la maladie du charbon du bétail (anthrax), Robert Koch avait identifié dans le sang des animaux des « bactéridies* » qu'il nomme *Bacillus anthracis*. Dans les troupeaux, la maladie du charbon est suraiguë, les animaux meurent, leurs organes infectés sont noirâtres ainsi que le sang qui s'en écoule, comme s'il était transformé en charbon. Les champs maudits sont contaminés et il n'est plus possible d'y faire revenir un troupeau sans que les bêtes ne meurent à leur tour. En fait, le bacille produit des spores qui sont broutées par les vaches avec l'herbe. Les équipes de Pasteur envoyées sur place récupèrent des bacilles sur les carcasses d'animaux et Pasteur tente sa méthode d'atténuation, sans succès. Jusqu'au jour où une souche cultivée à 42 °C perd sa virulence. Pasteur tient son deuxième vaccin. Au printemps 1881, Pasteur demande qu'on lui attribue une cinquantaine de moutons pour procéder à une démonstration dans le petit village de Pouilly-le-Fort. Il procède à la vaccination de 25 moutons et en garde 25 autres « naïfs ». Quinze jours plus tard, il envoie Roux et Chamberland, ses fidèles adjoints, inoculer la maladie

* Terme employé par Koch pour désigner les bactéries.

du charbon. Vaches et moutons vaccinés survivent, alors que les animaux « naïfs » meurent tous. L'efficacité du vaccin est spectaculaire. La même année, Louis Pasteur entre à l'Académie française au fauteuil d'Émile Littré.

Louis Pasteur s'intéresse alors à la rage sur laquelle travaille son assistant Émile Roux. En France, à cette époque, la rage est une maladie endémique qui touche indifféremment les villes et les campagnes, affectant le plus souvent les enfants. Elle fait peur, car elle survient après l'attaque d'un animal enragé et entraîne la mort dans des conditions horribles. « La rage pèse sur les imaginations. Elle évoque des visions de légende, de malades furieux, inspirant la terreur à tout leur entourage, attachés ou hurlants, ou bien asphyxiés entre deux matelas », résume Émile Duclaux, un autre disciple de Pasteur. Le système nerveux étant suspecté d'être la cible de l'infection, Pasteur tente d'isoler le virus à partir de moelle épinière de chiens enragés. Une opération dangereuse, car la moindre morsure est mortelle. Il réussit à transmettre la rage à des chiens en injectant des suspensions de moelle d'animaux malades. En revanche, il ne peut pas cultiver le virus, ni l'observer au microscope*, ce qu'il ne sait pas encore. Après avoir mis au point un modèle plus simple d'infection chez le lapin, Pasteur et Émile Roux développent l'atténuation des moelles épinières de lapin en les laissant à l'air plusieurs jours dans des tubes de verre. Ils découvrent qu'en quinze jours les moelles deviennent complètement non virulentes. Pasteur vaccine des chiens en leur injectant de la moelle de lapin infectée vieille de quinze jours. L'expérience est un succès, les chiens vaccinés résistent à la rage. Début 1885, Louis Pasteur est prêt à passer à l'expérimentation sur l'homme.

* Il a fallu attendre le microscope électronique pour pouvoir voir les virus. Ils sont trop petits pour être perçus par un microscope optique.

La guérison du petit Joseph

L'histoire est mondialement connue. Le 6 juillet 1885, Joseph Meister, 9 ans, débarque avec sa mère rue d'Ulm dans le laboratoire de Pasteur. Ils sont alsaciens. L'enfant a été mordu par un chien enragé et présente quatorze plaies profondes à la main, à la cuisse et aux jambes. Il risque de succomber dans d'atroces souffrances. Avec le docteur Joseph Granger de l'hôpital Necker, Louis Pasteur décide de lui injecter une solution de moelle de lapin atténuée à l'air pendant plusieurs jours. Puis le savant lui réinjecte le virus de la rage et le petit Joseph survit. C'est un triomphe ! Il publie ses résultats dans les *Comptes rendus de l'Académie des sciences*. Un autre enfant infecté, Jean-Baptiste Jupille, se présente. Nouveau succès. L'histoire s'emballe. Les journaux relatent le miracle. Les patients arrivent de France, d'Amérique, de Russie ! Le laboratoire de la rue d'Ulm est vite débordé.

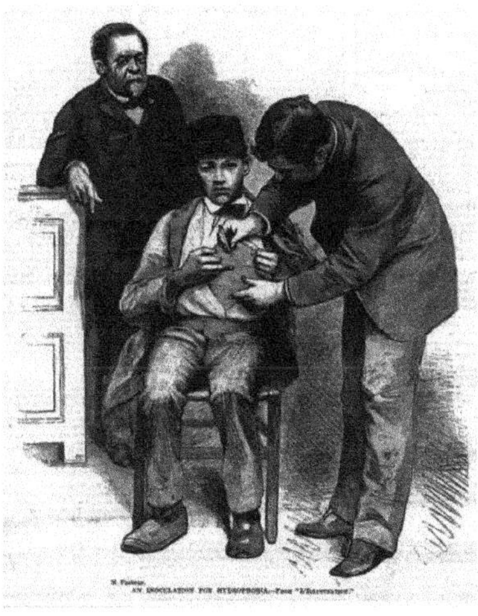

Figure 12. Inoculation du vaccin rabique au berger Jupille dans le laboratoire de Louis Pasteur, gravure parue dans *L'Illustration* du 7 novembre 1885.

Le 1er mars 1886 Louis Pasteur communique ses premiers résultats sur la rage à l'Académie des sciences. Il a déjà traité efficacement plus de 350 personnes. « La prophylaxie de la rage après morsure est fondée. Il y a lieu de créer un institut vaccinal contre la rage », conclut-il. À l'issue de la séance, dans l'enthousiasme général, une souscription publique est lancée pour la construction de ce qui s'appellera l'Institut Pasteur. Celui-ci est inauguré le 14 novembre 1888 par le président de la République Sadi Carnot. Il associe recherche, enseignement et traitement des patients. D'autres instituts vont rapidement ouvrir dans le monde pour diffuser le miracle du vaccin contre la rage, s'organisant progressivement en réseau.

La santé de Louis Pasteur décline malheureusement. Il est victime de multiples attaques d'hémiplégie et décède le 28 septembre 1895. L'État français lui organise des funérailles nationales.

À la fin de la Grande Guerre, Joseph Meister devient le gardien de l'Institut Pasteur. En 1940, après la débâcle et la capitulation de la France, alors que les troupes allemandes se rapprochent de Paris, une fausse nouvelle lui fait croire que sa femme et ses filles sont mortes dans un bombardement. Profondément affecté par la défaite française et se jugeant responsable de la disparition de sa famille, il se suicide. Le soir même, Mme Meister et ses filles rentrent à l'Institut Pasteur où elles le découvrent, mais trop tard.

La généralisation de la vaccination

Au début du XXe siècle, il n'existe que deux vaccins humains : le vaccin antivariolique de Jenner et le vaccin contre la rage de Pasteur. À cette époque, les nourrissons meurent encore de la diphtérie, de la typhoïde, du choléra, de la rougeole... La poliomyélite fauche enfants et adultes quand elle ne les paralyse pas à vie. Les jeunes adultes sont décimés par la tuberculose et, d'une manière générale, la mortalité infantile reste effroyable. Mais le XIXe siècle a été fécond : Edward Jenner a utilisé une maladie de la vache pour protéger l'homme, Louis Pasteur à Paris et Robert Koch à Berlin ont découvert l'immunité, et Louis Pasteur une méthode de développement vaccinal. Grâce à leur travail, de nouveaux vaccins vont pouvoir améliorer la santé publique au XXe siècle.

Après la variole et la rage, les vaccins suivants sont liés à la découverte des toxines. Les chercheurs ont compris comment certaines bactéries affaiblissent ou tuent leurs hôtes en produisant ces toxines. Les élèves de Pasteur, Émile Roux et Alexandre Yersin, constatent par exemple que la diphtérie n'est pas liée au bacille de la diphtérie, mais à un poison que cette bactérie sécrète et qu'ils appellent toxine. Cette découverte permet d'une part de mettre au point des sérums et des vaccins contre la diphtérie et le tétanos ; d'autre part, de comprendre que le corps humain se protège des toxines en produisant des anticorps. Ceux-ci sont découverts à Marburg en Allemagne par Emil von Behring et le chercheur japonais Kitasato Shibasaburo. Pour améliorer la préparation des sérums antidiphtériques chez les chevaux à l'annexe de Garches de l'Institut Pasteur, le vétérinaire Gaston Ramon, futur directeur de l'Institut Pasteur, développe le premier adjuvant* en 1920.

Puis l'histoire s'accélère. Suivront les vaccins antibactériens contre la typhoïde, la tuberculose, le fameux BCG ou bacille Calmette-Guérin découvert à l'Institut Pasteur de Lille en 1921. Les Américains de leur côté élaborent les vaccins contre la poliomyélite, la fièvre jaune, la grippe, la rougeole, les oreillons,

* Un adjuvant est un produit qui permet d'augmenter la réponse anticorps en induisant de l'inflammation.

la rubéole, toutes maladies causées par des virus. Plus récemment, d'autres vaccins ont été développés contre le virus de l'hépatite B (1985), responsable du carcinome hépatique, et contre le papillomavirus, responsable du cancer du col de l'utérus (2004), puis contre les pneumocoques, méningocoques et *Haemophilus influenzae*, des bactéries responsables de méningites du nourrisson.

Ne prenons qu'un exemple, la rougeole ! Le vaccin a permis de réduire de plus de 95 % la mortalité due à cette maladie. En 1985, le nombre de décès annuels dans le monde était estimé à 2,5 millions. Après trente ans de campagnes pour l'élimination de la rougeole par la vaccination, l'OMS et le CDC font état de 140 000 décès dans le monde en 2019. Une victoire, certes. Mais les décès concernent des enfants non vaccinés qui vivent surtout dans des pays pauvres où les infrastructures sanitaires sont insuffisantes. Ils sont d'autant plus inacceptables qu'une simple vaccination protège à la fois l'individu et son entourage.

Ainsi, à la fin du XXe siècle, malgré deux conflits mondiaux, des génocides, des décolonisations meurtrières et des déplacements massifs de populations, la lutte contre les fléaux infectieux est un succès presque total grâce aux vaccins, au moins dans les pays développés. La variole ? Éradiquée en 1980. La poliomyélite ? En voie de l'être. L'OMS rêve d'éliminer la rougeole. De leur découverte jusqu'à la vaccination de masse pratiquée aujourd'hui contre une vingtaine de maladies, l'épopée des vaccins a duré deux siècles. Deux cents ans qui ont changé le devenir de l'humanité. Mais il reste encore du chemin à parcourir : quarante ans après l'émergence du sida qui a clos les Trente Glorieuses, il n'existe toujours pas de vaccin et le virus continue de tuer près de 1 million de personnes chaque année, particulièrement en Afrique subsaharienne.

Avec l'apparition en 2020 du nouveau virus du Covid-19, preuve est faite que le combat n'est jamais terminé.

La méfiance à l'égard des vaccins ?

Un principe très important de la vaccination doit être souligné. Un vaccin efficace protège l'individu vacciné pour la vie. Mais à l'échelle d'un pays ou d'un continent, un vaccin ne permet de contrôler ou d'éliminer une maladie que s'il est administré à une fraction suffisante de la population pour induire une immunité de groupe qui pourra seule freiner la propagation du virus entre les individus. Ainsi, tant que 95 % de la population ne sont pas vaccinés contre la rougeole, le virus se propage toujours et n'épargne que les individus vaccinés, les autres restant sensibles. Cette haute couverture vaccinale nécessaire pour contrôler la rougeole s'explique par le fait que la maladie est très contagieuse. Son indice de reproduction se situe entre 15 et 20, c'est-à-dire que 1 personne infectée peut en infecter jusqu'à 20 autres.

Le Covid est moins contagieux que la rougeole, même s'il semble plus inquiétant par sa nouveauté et son taux élevé de mortalité. Néanmoins, une couverture vaccinale importante sera nécessaire pour faire face à cette nouvelle pandémie, et l'augmentation de la défiance vaccinale ne rend pas optimiste. Selon un sondage IFOP réalisé à la fin du mois de mars 2020, 26 % des Français refuseraient le vaccin contre le Covid-19 s'il existait. En novembre 2020, alors que les premiers vaccins efficaces contre le Covid étaient annoncés, ce chiffre est monté à 50 %.

Au-delà d'un traitement préventif individuel contre un ensemble de maladies infectieuses dangereuses, la vaccination est donc une action de santé publique menée au niveau des

États. Il revient aux gouvernements et aux responsables de la santé publique de faire comprendre aux populations que chaque personne vaccinée est protégée mais aussi que le plus grand nombre doit l'être pour protéger ceux pour qui la vaccination est contre-indiquée parce qu'ils sont atteints d'une maladie immuno-suppressive chronique, qu'ils sont trop âgés ou trop jeunes. Dans cette logique, en juillet 2017, le Premier ministre Édouard Philippe annonçait dans son discours de politique générale que l'obligation vaccinale française allait passer de trois à onze vaccins en 2018. Il rappelait que la politique de santé publique relève de la prééminence du politique et donc des choix du gouvernement.

Reste à convaincre la population d'adhérer à ces choix. Car dans le confort d'un monde presque épargné par les maladies infectieuses les plus graves, on avait oublié les grandes épidémies des siècles précédents. À tel point qu'une frange de la population, la plus jeune surtout, a pu remettre en cause la nécessité des vaccins. En 2019, 41 % de la population française se déclarait méfiante à l'égard des vaccins contre 17 % dans le reste des pays européens. Certaines couvertures vaccinales ont baissé, particulièrement en Europe et aux États-Unis. Cette défiance envers les vaccins n'existe pratiquement pas dans les pays du Sud, où les maladies infectieuses sont toujours redoutées.

Mais aujourd'hui, en pleine pandémie de Covid-19 et en l'absence d'un traitement antiviral spécifique, l'humanité entière attend et espère un vaccin. Ainsi, quand tout va bien dans un monde confortable où l'on n'entend plus parler de rougeole, de tuberculose, de diphtérie, de tétanos, de coqueluche et de tant d'autres maladies aujourd'hui quasiment disparues justement grâce aux vaccins, les jeunes parents hésitent à faire vacciner leurs enfants. Mais lorsqu'une nouvelle maladie virale survient, les vaccins sont à nouveau perçus comme des remèdes miracles… ce qu'ils sont effectivement.

Il a fallu trente ans pour imparfaitement contrôler la rougeole malgré la disponibilité d'un vaccin très efficace. Si le Covid s'installe durablement, ce qui semble être le cas, comme la rougeole s'est implantée depuis des millénaires, combien d'années nous faudra-t-il pour nous débarrasser de ce nouveau virus ?

CHAPITRE 2

Janvier 2020 : mobilisation à l'Institut Pasteur

À l'Institut Pasteur, dans mon laboratoire, tout démarre le 15 janvier 2020 à midi quand un collègue très vigilant de mon labo m'envoie un lien vers un article de *Libération* paru le jour même sous le titre : « Une nouvelle infection pulmonaire, causée par un coronavirus proche de celui du SARS, a été détectée et a déjà fait un mort dans le centre de la Chine. Le professeur Arnaud Fontanet de l'Institut Pasteur appelle à la vigilance* ».

Un nouveau cauchemar ? L'apparition de cette pneumonie à Wuhan, une mégapole du centre de la Chine, ravivait les souvenirs du syndrome respiratoire aigu sévère (SARS), une maladie apparue elle aussi en Chine en 2002 qui avait fait environ 8 000 malades et causé 775 décès dans 37 pays avant de disparaître presque miraculeusement à l'été 2003. Comme le SARS, les cas de pneumonie de Wuhan étaient liés à un marché vendant une myriade d'espèces d'animaux vivants, et ils semblaient être causés par un nouveau membre de la famille des coronavirus lié au virus de 2002.

Une nouvelle zoonose ? Une zoonose est la transmission interespèces d'un nouveau virus qui n'avait jamais infecté

---

* Éric Favereau, sur le site de *Libération*, 15 janvier 2020 à 8 h 40.

l'homme auparavant. Un virus ainsi capable d'un saut d'espèces de l'animal à l'homme peut ensuite s'adapter et devenir une infection humaine récurrente.

Les virus sont des organismes infiniment adaptables de par leur mode de vie. Leurs génomes, extrêmement simples et courts, se répliquent des milliards de fois en quelques heures, alors qu'il faut aux hommes vingt-cinq ans – le temps d'une génération – pour se reproduire en petit nombre. On ne fait vraiment pas le poids.

Virologue, professeur de vaccinologie et directeur du laboratoire d'innovation vaccinale de l'Institut Pasteur à Paris, je suis concerné au premier chef. Je me précipite sur les articles un peu plus fouillés de *Science Magazine*, aucun papier scientifique n'étant encore disponible. Les experts de santé mondiale ne semblent pas encore trop inquiets car au moment de la mise sous presse, une seule des 42 personnes infectées est décédée. Le premier patient chinois connu a développé des symptômes avec difficultés respiratoires et forte fièvre le 8 décembre 2019, soit un mois auparavant. Aucune preuve ne suggère encore que le virus pourrait se transmettre facilement entre humains, ce qui risquerait alors de transformer un problème local en crise mondiale.

J'apprends que les chercheurs chinois viennent de rendre accessible sur Internet la séquence de six génomes du nouveau virus qui n'a pas encore de nom. Tous les scientifiques du monde vont pouvoir utiliser ces données. Une bonne nouvelle ! L'OMS prévoit qu'un test de diagnostic sera rapidement développé grâce à cette information. Ces six séquences diffèrent peu les unes des autres, ce qui indique une origine ponctuelle du virus, probablement à partir d'un même lot d'animaux infectés au marché de Wuhan. Mais le fait que les cas soient apparus au fur et à mesure du mois suggère aussi que plusieurs animaux ont pu infecter plusieurs hommes indépendamment. Quelle que soit l'espèce, sauvage ou d'élevage, qui propage le virus sur le marché, elle doit l'avoir contracté dans un réservoir naturel.

En effet, de nombreux coronavirus infectent naturellement les chauves-souris, et le nouveau virus est très proche de quatre virus de chauve-souris qui ont la potentialité d'infecter les cellules humaines. Cela inquiète les chercheurs : les espèces animales du marché qui auraient hébergé le virus n'ont pas été identifiées. On ne sait donc pas quand il est apparu ni le nombre réel de personnes qu'il a infectées.

Les autorités ont fermé le marché aux poissons pour le Nouvel An, et aucun nouveau patient n'a été identifié à Wuhan depuis le 3 janvier. « Il s'agit d'une épidémie limitée, dit-on alors en Chine, si aucun nouveau patient n'apparaît la semaine prochaine, elle est peut-être terminée. » Le 12 janvier l'OMS se déclare « rassurée de la qualité des enquêtes en cours et des mesures de riposte mises en œuvre à Wuhan ».

Mais la situation va rapidement changer. Un premier cas en Thaïlande, signalé le 13 janvier chez un touriste qui a voyagé de Wuhan à Bangkok, conduit le directeur général de l'OMS, Tedros Adhanom Ghebreyesus, à consulter des experts. Ce patient n'avait pas visité le marché de Wuhan, centre de l'épidémie, mais s'était rendu sur d'autres marchés d'animaux. Le 16 janvier, on signale un premier cas au Japon : il s'agit d'une personne de retour de Wuhan, qui n'a pas fréquenté le marché de Wuhan, donc qui n'a pas été exposée au lieu d'où sont issus les premiers cas, suggérant une possible transmission interhumaine. Le virus pourrait donc avoir déjà contaminé de nombreuses autres personnes à Wuhan qui n'ont pas consulté si les symptômes étaient bénins. Les infirmières et les médecins peuvent également avoir été infectés sans que personne s'en soit encore aperçu. Impossible de conclure alors que le virus ne se propage pas d'homme à homme. Et, bien que l'épidémie soit encore limitée en ce début janvier, les scientifiques craignent qu'avec les déplacements de centaines de millions de personnes pour la célébration du Nouvel An lunaire le 25 janvier, le virus ne se répande vers d'autres villes.

À l'Institut Pasteur, nous avons immédiatement pris très au sérieux ce qui était en train de se passer. Les émergences virales sont notre métier. L'Institut Pasteur dispose d'un bâtiment entier dédié à la biologie des maladies émergentes et possède un des plus gros départements de virologie au monde. Depuis près de quarante ans et l'émergence du virus du sida, nous sommes intervenus sur une myriade de nouvelles maladies infectieuses souvent mortelles, aux noms exotiques ou aux acronymes rugueux, toutes causées par des virus : fièvre de Lassa, virus du Nil occidental, encéphalite à virus Nipah, chikungunya, Ebola, Zika ou dengue, SARS, MERS, les virus grippaux pandémiques H5N1, H1N1... pour ne citer que les noms les plus connus du grand public. C'est une succession d'émergences ou de réémergences à laquelle nous avons assisté au cours des dernières décennies.

Le Laboratoire d'innovation vaccinale que je dirige consacre son activité depuis vingt ans à l'étude de la génomique virale et à la mise au point de vaccins préventifs contre les infections virales. Nous avons étudié beaucoup de ces étranges virus qui nous sont devenus familiers. Nous savons les cultiver, les observer, décrypter leurs génomes, les manipuler, les modifier pour les utiliser comme outils médicaux, nous connaissons de mieux en mieux leurs propriétés infectieuses ou pathogènes. Mon équipe et moi appliquons au quotidien les enseignements de l'école pasteurienne de microbiologie avec les outils ultraperformants d'aujourd'hui. Nous avons développé une technologie qui permet de générer des vaccins préventifs contre plusieurs maladies infectieuses, j'y reviendrai plus loin. Au cours des dix dernières années, mon laboratoire a mis au point avec cette technologie plusieurs vaccins contre le chikungunya, le Zika ou la fièvre de Lassa qui sont actuellement en essais cliniques avancés chez l'homme. C'est-à-dire qu'après avoir été inventés et testés au laboratoire, ces vaccins ont franchi les étapes industrielles de développement pour devenir des produits de médecine préventive humaine. Avec la même technologie, nous avons aussi développé d'autres candidats vaccins qui sont encore en essais précliniques contre le sida, la dengue, certains virus grippaux… ou encore le SARS. Le fameux coronavirus de 2003 appartenant à la même famille que celui qui vient d'émerger à Wuhan.

Pas une seconde la question de lancer ce programme vaccinal ne se pose au laboratoire : nous savons comment faire un vaccin contre ce nouveau virus et nous allons le faire. La réputation du laboratoire, notre technologie, notre expérience du SARS, nos contacts dans le monde scientifique et industriel du vaccin, la réputation de l'Institut Pasteur, l'intérêt scientifique, toutes ces raisons nous imposent de nous y mettre tout de suite alors que nous ne savons pas encore la tournure que prendra l'épidémie naissante.

Le jour même, en quelques heures, nous décidons de démarrer ce nouveau projet. Les chercheurs sont libres et indépendants pour choisir leurs thématiques de recherche. En l'occurrence, développer des vaccins contre les maladies émergentes est l'activité essentielle de mon laboratoire. Je contacte deux autres collègues pour nous rejoindre. L'une, Sylvie Van Der Werf, dirige l'unité des virus respiratoires et le Centre national de référence des virus grippaux à Pasteur, l'autre, Christiane Gerke, le développement vaccinal à la Direction des applications de la recherche et des relations industrielles de l'institut. Nous décidons de contacter le CEPI (Coalition for Epidemic Preparedness Innovations) pour nous aider à monter le programme et le financer. Le CEPI est un partenariat mondial créé en 2017 qui réunit des experts et lève des fonds pour promouvoir et financer la mise au point de vaccins contre une liste de maladies émergentes prioritaires définie par l'OMS. Cette organisation connaît et soutient nos programmes car elle participe déjà au développement de nos deux vaccins contre le chikungunya et la fièvre de Lassa en finançant une société autrichienne de biotechnologie à laquelle l'Institut Pasteur a cédé une licence d'exploitation commerciale de ces vaccins.

La « task force »

Le 19 janvier, Arnaud Fontanet, professeur d'épidémiologie qui dirige l'unité d'épidémiologie des maladies émergentes et le Centre de santé globale de l'Institut Pasteur, envoie le message suivant à une vingtaine de chercheurs concernés : « L'actualité du nouveau coronavirus chinois 2019-nCoV dont l'expansion se poursuit en Chine et autour de nous amène à vous inviter à une réunion pour discuter des recherches qui pourraient être conduites sur le sujet à l'Institut Pasteur. » Cette réunion, qui aura lieu le 22 janvier, mettra en place une *task force* selon le modèle que nous avions déjà expérimenté lors de plusieurs précédentes crises sanitaires (SARS, grippes pandémiques H5N1 et H1N1, Ebola, chikungunya, Zika). Cette *task force*, sous la responsabilité de Stewart Cole, directeur général de l'Institut Pasteur, sera pilotée par Christophe d'Enfert, directeur scientifique.

Il s'agit de coordonner un programme global sous la direction du directeur scientifique de Pasteur qui réunit les laboratoires experts de virologie, de vaccinologie, d'immunologie, d'épidémiologie, les laboratoires concernés du réseau international de l'institut, les centres de référence concernés, les plateformes technologiques ainsi que les directions médicales, de la communication et des relations industrielles. Les différents axes de recherche sont décidés, le partage des tâches et des produits, les cellules, les virus, les tests, l'organisation, les moyens financiers, les délais. Tout est à faire : cultiver et isoler pour la première fois en France ce nouveau virus à partir de prélèvements humains, l'observer, le « dompter », apprendre à le contrôler, le manipuler, analyser son génome, mettre au point des tests de diagnostic de dépistage viral et sérologique, faire de la surveillance épidémiologique, développer des modèles de prévision, appliquer nos outils et nos modèles pour mettre au point des traitements et des vaccins, dédier les laboratoires de sécurité et les personnels adaptés, obtenir les autorisations réglementaires nécessaires auprès de l'ANSM (Agence nationale de la sécurité du médicament et des produits de santé) et du Haut Conseil des biotechnologies pour manipuler ce virus encore inconnu de la réglementation. Notre projet vaccinal fera partie de cette nouvelle *task force* comme les fois précédentes, avec deux autres projets vaccinaux issus d'autres laboratoires.

Au labo, nous sélectionnons parmi les séquences du virus publiées par les Chinois les régions antigéniques que nous allons utiliser pour faire notre vaccin. Nous utilisons pour cela notre expérience précédente avec le SARS, l'autre coronavirus pour lequel nous avions produit un vaccin quelques années auparavant. Ce vaccin qui semblait pourtant efficace avait vu son développement industriel stoppé puisque la maladie avait ensuite disparu.

La conception du vaccin

Comment conçoit-on un vaccin ? Il est temps de donner quelques explications simples. Pour faire un vaccin, selon l'héritage de Jenner et de Pasteur, il faut comprendre la maladie et son mode de transmission, isoler l'agent infectieux et développer un produit biologique atténué à partir de cet agent, qui soit inoffensif pour l'homme et efficace pour protéger les individus vaccinés contre une infection ultérieure grâce à la mémoire immunitaire qu'il aura induite. Le travail de Pasteur lui-même a donné naissance à une nouvelle science, l'immunologie, qui a permis de comprendre comment notre corps se défend des maladies infectieuses et comment les vaccins induisent ces défenses. Après plus d'un siècle de recherche, aujourd'hui des milliards de doses de vaccins sont administrés chaque année pour préserver les enfants de la rougeole, de la polio, de la tuberculose et de nombreux autres fléaux. Les scientifiques se joignent aux industriels pour développer ces produits biologiques qui doivent être relativement simples et peu coûteux à fabriquer industriellement car il faut produire des quantités énormes pour le monde entier. De plus, comme il s'agit de produits de première nécessité qui sauvent des millions de vies chaque année, ils doivent être accessibles à tous, dans tous les pays, et vendus à un prix abordable.

Les recherches de mon laboratoire sur la génomique virale, l'organisation des génomes viraux, leur mode de réplication et leur atténuation m'ont conduit il y a vingt ans à utiliser un outil vaccinal basé sur le vaccin contre la rougeole, un des meilleurs vaccins dont l'humanité dispose. Développé empiriquement dans les années 1960, c'est un virus atténué, c'est-à-dire qu'il n'est plus pathogène mais qu'il continue de se multiplier dans l'organisme vacciné en induisant une réponse immunitaire qui protège à vie de la rougeole. Rappelons qu'avant l'ère de la vaccination, cette maladie tuait 2 à 3 millions de bébés chaque année dans le monde, un chiffre que ce vaccin a permis de réduire de 96 %. C'est un vaccin parfaitement sûr qui n'a pas causé d'accident en quarante ans d'utilisation sur des milliards d'enfants dans le monde. Il est peu coûteux et l'industrie pharmaceutique mondiale en produit des centaines de millions de doses par an. Bref, ce vaccin semble bien être un des meilleurs et cumuler tous les avantages sans aucun des inconvénients.

Pourquoi alors ne pas l'utiliser contre d'autres maladies ? Dans ce but, nous avons cloné le génome de ce virus atténué pour pouvoir le manipuler génétiquement : nous avons recopié la longue molécule d'ARN de son génome sous une forme manipulable en laboratoire. Cela nous permet de générer de nouveaux virus de la rougeole atténués dans lesquels nous incorporons des gènes d'autres virus pour les faire bénéficier des propriétés favorables du virus vaccinal de la rougeole. Ainsi « véhiculés », les gènes additionnels provenant d'un autre virus (le nouveau coronavirus par exemple) sont exprimés par le virus de la rougeole modifié lorsqu'il est injecté dans l'organisme des individus vaccinés. Pour faire un nouveau vaccin, les gènes additionnels choisis sont ceux qui permettent l'induction de réponses immunitaires protectrices contre la maladie ciblée, on les appelle alors des antigènes. Comme nous l'avions précédemment fait pour le SARS, nous avons sélectionné dans la séquence génétique du nouveau coronavirus responsable du Covid les antigènes sur lesquels tous les labos du monde vont travailler : ceux qui constituent la protéine de surface qui recouvre le coronavirus et lui permet d'entrer dans les cellules humaines. Cette « spicule » constitue la couronne observable en microscopie électronique qui a donné leur nom aux coronavirus. Ainsi, de « bons » anticorps générés contre cette protéine par une vaccination préventive, c'est-à-dire des anticorps capables de se fixer aux spicules du virus et de « neutraliser » son activité, empêcheront le virus de pénétrer dans les cellules humaines lors d'une infection. Cela semble très simple, mais le travail nécessaire entre cette conception et la réalisation d'essais cliniques avec un candidat vaccin prototype est long et complexe. Il va impliquer de nombreuses personnes dans plusieurs instituts dans le monde.

Le laboratoire à l'œuvre

Le 21 janvier, les séquences synthétiques d'ADN codant pour l'antigène que nous avons identifié dans le génome du coronavirus sont commandées à un prestataire de services. On les recevra dans trois semaines. Le même jour, j'ai une discussion avec le P-DG de l'entreprise autrichienne qui assure le développement clinique et l'industrialisation de nos vaccins, il m'assure vouloir travailler avec nous sur ce projet. Au labo, tout le monde veut s'impliquer. On se réunit, on discute, on s'informe, on échange les idées. Le labo est composé de chercheurs de plusieurs nationalités, de jeunes étudiants en thèse et d'une équipe formidable de techniciennes et de techniciens extrêmement motivés et talentueux, experts des technologies que nous utilisons. Il faut partager le travail, arrêter les autres projets et les mettre momentanément de côté, écrire les dossiers de demande de financement et les dossiers réglementaires.

Trois mois avant le pic de la crise sanitaire en France qui surviendra en avril avec son cortège de peurs et d'émotions, les hôpitaux débordés, les transports sanitaires aériens d'urgence, les applaudissements de 20 heures au personnel médical, l'écœurement médiatique et les rues désertes de nos villes confinées, alors que rien ne prévoyait encore un tel scénario, tout le personnel de mon laboratoire a décidé de s'engager à mettre au point un vaccin contre ce nouveau virus.

Entre-temps, le directeur de l'OMS a finalement réuni un comité d'urgence. Des premiers cas sont apparus en France : des ressortissants chinois ou des personnes ayant voyagé depuis Wuhan. À nouveau, les autorités se veulent rassurantes, le risque d'introduction du virus en France étant considéré comme « faible mais pas exclu, d'autant qu'il y a des lignes aériennes directes avec Wuhan, selon la ministre de la Santé. Notre système de santé est bien préparé, les établissements de santé ont été informés et des recommandations de prise en charge ont été délivrées ».

Nous verrons par la suite qu'il est très difficile d'être préparé à l'ampleur d'une telle pandémie. Dès le 20 janvier, j'ai reçu à mon bureau les premiers appels de journalistes inquiets, France Info, l'AFP... le début d'un tsunami médiatique pour mes collègues et moi qui dure encore à l'hiver 2020. Au cours des semaines qui vont suivre, la crise s'installe. Le nombre de cas va augmenter en Chine puis dans les pays voisins, et se multiplier aussi en Europe. Les cas graves et les décès augmentent eux aussi de manière inquiétante. Les équipes de recherche du monde entier, les institutions, les universités, les industriels se mobilisent. Les programmes de recherche débutent à grande vitesse, on en sait rapidement de plus en plus sur ce virus, les premières publications scientifiques apparaissent. Les épidémiologistes du monde entier se penchent sur les scénarios possibles. Les premiers programmes de recherche vaccinale sont annoncés en Chine, aux États-Unis.

À l'Institut Pasteur, nous sommes dans l'attente des fragments d'ADN synthétisés à partir des séquences que nous avons identifiées dans le coronavirus. Ces synthèses sont traitées par des prestataires qui sont débordés : les chercheurs du monde entier ont commandé ces mêmes séquences en même temps chez quelques fournisseurs. Elles nous serviront à construire notre candidat vaccin.

Tous les virologues avertis savent qu'on se dirige vers une pandémie. Dans un monde où 4 milliards de passagers prennent l'avion chaque année, c'est inévitable et rapide surtout s'il s'agit d'une maladie transmise par voie respiratoire, c'est-à-dire en respirant ! Les chercheurs et les médecins alertent les responsables politiques qui se mobilisent déjà : cellules de crise, conseils scientifiques, points presse quotidiens. Le début d'une douloureuse routine qui va durer des mois.

Pendant ces premières semaines à Pasteur, nous avons travaillé sur la soumission au CEPI de notre projet de développement clinique d'un candidat vaccin contre le Covid-19. Nous avons discuté avec l'industriel Themis, la biotech autrichienne qui participe au programme, avec nos partenaires américains de la Pittsburgh University, identifié les centres cliniques où seront réalisés les essais, en particulier le centre d'investigation clinique Cochin-Pasteur dirigé par Odile Launay qui souhaitait depuis longtemps réaliser un essai clinique avec un des candidats vaccins issus de mon laboratoire. Tout finit par arriver ! Nous avons insisté auprès du CEPI pour que l'Institut Pasteur soit le principal responsable et coordinateur du projet, cette stratégie vaccinale ayant été développée dans ce fleuron de la recherche française. Garder le contrôle scientifique et stratégique au départ d'un tel programme est capital car les considérations scientifiques et médicales doivent toujours primer. En fait, nous serons effectivement les coordinateurs de la première partie du programme, de la conception du vaccin jusqu'à la réalisation du premier essai clinique, et pour la suite du développement du vaccin nous céderons la main aux industriels dont c'est le métier.

Durant la même période, nous avons fait le « design » du vaccin, c'est-à-dire que nous avons défini précisément les séquences nucléotidiques des gènes du coronavirus que nous allions introduire dans notre vaccin rougeole. Puis nous avons rédigé et soumis une demande de brevet pour protéger scientifiquement et commercialement ces nouveaux candidats vaccins encore sur le papier. La couverture du brevet doit être mondiale car ce vaccin pourrait être distribué sur toute la planète. Je dois dire à ce propos, sans entrer dans les détails, que le dépôt d'un brevet protège les inventeurs et les industriels qui pourraient développer le produit de la contrefaçon et de la concurrence de leurs compétiteurs. Les droits d'exploitation du brevet lorsqu'ils sont cédés à un industriel sont négociés en fonction de la valeur du marché, du type de marché, des pays concernés et de la nécessaire accessibilité pour les patients. Cette dernière clause est particulièrement importante dans le contexte d'un vaccin développé avec le CEPI qui exige l'accessibilité à un prix très favorable pour les pays du monde à faibles ou moyens revenus. L'Institut Pasteur est doté d'un service extrêmement compétent dans ce domaine et dépose de nombreux brevets chaque année pour protéger ses inventions et permettre leur développement clinique.

Puis nous nous sommes enfin mis au vrai travail, celui des pipettes et des boîtes de culture, des microscopes, des hottes à flux laminaire, des laboratoires de sécurité avec leurs règles strictes de confinement. Le personnel de mon labo est rompu à ces conditions de travail et compte parmi les meilleurs au monde. Découper avec des enzymes des fragments d'ADN synthétisés à partir du génome du nouveau coronavirus, les purifier et les introduire dans des bactéries pour les amplifier, cultiver ensuite les bactéries, en extraire l'ADN produit, le modifier à nouveau puis l'introduire dans celui du virus vaccinal de la rougeole. C'est de la biologie moléculaire, du clonage, de la manipulation génétique qui permettent aujourd'hui à l'« homme de l'art » de construire un vaccin vivant assez simplement. Ensuite, il faut cultiver des cellules humaines ou de singe pour ensemencer et faire pousser le nouveau virus de la rougeole modifié, car il s'agit d'un virus qui infecte principalement les primates, incluant l'homme. Le virus sera ensuite récolté pour être étudié en détail et testé sur des modèles animaux. Cultiver, ensemencer, récolter, des termes de l'agriculture que les microbiologistes ont adoptés il y a plus d'un siècle et qui sont toujours utilisés aujourd'hui dans tous les labos du monde.

À ce moment-là, vers la mi-mars, l'Institut Pasteur a fait l'objet d'une première attaque de *fake news*. Alors qu'il faut quotidiennement répondre aux journalistes, se lever de bonne heure pour participer aux matinales télé ou radio, puis filer au labo pour analyser les résultats du jour, passer au microscope, discuter avec l'équipe, s'assurer que rien ne manque pour la suite, participer à une des dizaines de téléconférences que la crise a occasionnées, une vidéo est apparue sur Internet dans laquelle un individu prétend avoir démontré que les chercheurs de l'Institut Pasteur sont à l'origine de la pandémie en Chine. L'auteur de la vidéo confond les inventeurs d'un vaccin et la découverte d'un virus avec la génération d'un nouveau virus pathogène. Il confond aussi l'épidémie du SARS d'il y a dix-neuf ans avec la pandémie de Covid actuelle, qui n'est pas causée par le même virus. Le service de presse et de la communication de l'Institut a détecté la vidéo et s'est immédiatement mobilisé pour répondre officiellement avec les explications nécessaires. La vidéo a vite été retirée et son auteur poursuivi. Après que l'Institut Pasteur a porté plainte pour diffamation pour la première fois depuis sa création en 1887, le responsable de la vidéo a été condamné par la justice en novembre 2020.

Cet épisode a été douloureusement vécu dans mon laboratoire, particulièrement par une technicienne qui avait fait avec talent une part significative du travail décrit dans ce brevet et qui a reçu chez elle plusieurs appels téléphoniques menaçants. La mèche étant allumée, un déferlement médiatique a suivi, cette fois quant au rôle supposé du laboratoire P4 de Wuhan sur la création du virus et à l'implication des responsables français dans la construction de ce laboratoire il y a quelques années. Puis l'affaire s'est envenimée avec les déclarations hasardeuses d'un prix Nobel français sur la présence, encore prétendue, de séquences ADN du virus du sida dans le nouveau coronavirus. Tout cela était faux, n'était basé sur aucun argument scientifique et ne reposait que sur la crédulité d'individus encore moins avertis que ceux qui répandaient ces fausses informations, uniquement destinées à alarmer une population déjà inquiète. Mais Internet a tellement de vertus par ailleurs qu'il vaut mieux ignorer les utilisateurs malintentionnés et empêcher leurs nuisances dans le débat public. Au moment encore où j'écris ces lignes, des mois après, de nouvelles vidéos *fake* font encore du buzz, et ma photo s'étale comme celle d'un criminel ! L'Institut Pasteur porte plainte à nouveau.

Quelques jours après, le président Emmanuel Macron rend visite à l'Institut Pasteur. Il annoncera le soir même une augmentation significative des crédits publics alloués à la recherche pour les années à venir. En présence du président et du directeur général de l'Institut Pasteur, de son directeur scientifique et de quelques collègues, nous avons eu une longue discussion avec Emmanuel Macron et Frédérique Vidal, la ministre de l'Enseignement supérieur, de la Recherche et de l'Innovation. Le président voulait tout savoir, visiter les labos, discuter avec les chercheurs, se faire expliquer notre stratégie vaccinale. La visite se prolongera bien après l'heure prévue. Nous étions assurés d'être pris au sérieux par le chef de l'État.

La même semaine, le *Charles-de-Gaulle* faisait escale à Brest. Il était temps que je prenne des nouvelles de mon collègue, ami et coauteur Jean-Nicolas. Je le savais lui aussi mobilisé dans son propre labo à l'Institut de recherche biomédicale des armées sur la mise au point de tests de dépistage du nouveau coronavirus pour les armées françaises. Nous n'avions pas pu avancer l'écriture de ce livre depuis des semaines. J'apprendrais plus tard qu'il s'était rendu à bord du porte-avions pour ausculter et prélever les marins infectés ou malades.

CHAPITRE 3

La course contre l'épidémie

Depuis le début de la crise, comme mes collègues, je me connecte chaque jour au site de l'université américaine Johns Hopkins qui donne quotidiennement les chiffres de l'épidémie dans le monde pays par pays. Pour les données de l'épidémie en France je regarde le site de Santé publique France. Les agences de santé publique, les médecins et les épidémiologistes collectent ces informations des hôpitaux et des agences régionales de santé pour monter ces graphes impressionnants qui renseignent en direct sur le nombre de nouveaux cas par jour, par semaine, le nombre de décès, le nombre de patients hospitalisés ou ayant récupéré.

Le graphe de la figure qui suit présente le nombre de nouveaux cas quotidiens depuis le début de la pandémie. Chaque barre jaune représente le nombre de nouveaux cas par jour et les valeurs sont indiquées en milliers de cas à gauche. On voit nettement le début de l'épidémie en Chine en janvier-février avec une très faible amplitude au regard de ce qui va suivre dans le reste du monde. La courbe montre ensuite l'augmentation spectaculaire de l'épidémie en Europe en mars-avril. Puis la seconde vague visible en juillet-août correspond à l'expansion massive aux États-Unis et au Brésil. Enfin, on voit très nettement en

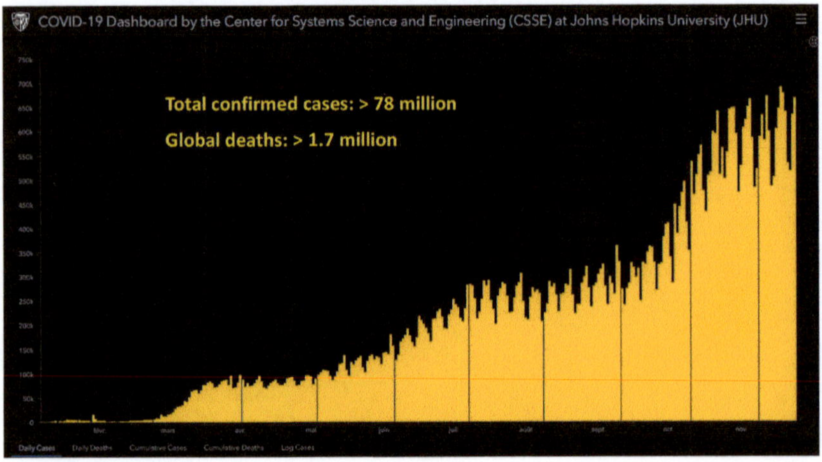

Figure 13. Nombre de nouveaux cas de Covid-19 par jour dans le monde depuis le début de la pandémie en janvier 2020 jusqu'à décembre (« Covid-19 Dashboard » par le Center for Systems Science and Engineering (CSSE) at Johns Hopkins University (JHU) »).

octobre la montée de la deuxième vague essentiellement en Europe et aux États-Unis. C'est une courbe modèle pour un cours d'épidémiologie sur les pandémies. En décembre 2020, le nombre maximal de nouveaux cas par jour dépasse 600 000, soit presque 100 fois plus qu'au départ en Chine. Le cumul de ces valeurs conduit à cette date à un nombre total de malades dans le monde de presque 80 millions, dont plus 1,7 million sont morts, ce qui fait environ 2,5 % de mortalité. En dix mois seulement !

Comparativement, en quarante ans, le sida a entraîné près de 75 millions d'infections et tué 36 millions d'individus, soit près d'un malade sur deux.

Le Covid est une maladie beaucoup moins mortelle que le sida. Si la pandémie se poursuit d'année en année, comme c'est probable pour une infection respiratoire saisonnière, et tant qu'un vaccin ne sera pas largement distribué, on peut craindre la survenue de 100 millions de cas et plusieurs millions de morts chaque année. Le taux de reproduction de base ou R_0, c'est-à-dire le nombre moyen de personnes qu'un individu infecté peut infecter à son tour, en l'absence de toute mesure de protection, de barrière ou de confinement, est d'environ 3 pour ce virus. Ce chiffre est une moyenne, car il existe des individus superpropagateurs pour lesquels ce R_0 est plus élevé. Mais le nombre de personnes « naïves » et susceptibles de se faire infecter reste donc encore immense, à moins qu'un vaccin efficace ne contrôle la pandémie. En effet, le même graphe montre qu'en dépit des mesures prises dans beaucoup de pays, que ce soit le port du masque, le confinement, l'arrêt ou le contrôle des transports aériens, le virus s'est propagé inexorablement et continue à le faire, excepté dans les pays où les confinements ont été extrêmement stricts et de très longue durée, comme l'Australie, la Nouvelle-Zélande ou la Corée du Sud. Les modèles épidémiologiques développés lors des précédentes pandémies grippales démontrent que seul un vaccin très efficace administré à 70 % de la population permet de contrôler une pandémie à transmission respiratoire dont le taux de reproduction est égal à 3.

Le campus confiné

En avril 2020, alors que les chiffres flambent en France, que les services d'urgence et de réanimation sont débordés, que le Covid tue jusqu'à 1 000 personnes par jour et que le confinement vient d'être mis en place, nous obtenons nos premiers candidats vaccins. L'ensemble du personnel du laboratoire travaille avec beaucoup énergie dès 7 heures du matin et parfois jusqu'à minuit, y compris les week-ends. L'administration de l'Institut Pasteur a mis en place un plan de continuité d'activité pendant la période. Ainsi, seulement un peu plus de

300 personnes sur les 2 780 collaborateurs de l'Institut vont rester sur le campus. Ces personnes travaillent toutes sur le nouveau virus. Les autres vont pratiquer un télétravail très efficace. Un système de volontariat a été organisé pour renforcer le personnel des laboratoires dédiés. J'ai vu à cette occasion de nombreuses personnes s'impliquer avec énergie et volonté dans des tâches difficiles et répétitives qui ne sont habituellement pas les leurs.

Nos premiers candidats vaccins sont donc prêts. Un candidat vaccin est un vaccin prototype qui n'a pas encore été testé chez l'homme. Nous avons conçu plusieurs candidats vaccins, tous basés sur un virus vaccinal de la rougeole qui contient l'antigène additionnel du coronavirus sous diverses formes. Nous les étudions, nous produisons les premiers stocks et nous envisageons les premières expériences chez l'animal qui sont nécessaires pour comparer les différents candidats, choisir le meilleur et démontrer son efficacité avant la décision de pratiquer des essais chez l'homme. Les téléconférences bihebdomadaires avec nos partenaires sont destinées à discuter de ces candidats vaccins et faire des choix pour avancer au plus vite.

La compétition est intense partout dans le monde et nos compétiteurs s'activent encore plus vite que nous. Je me tiens au courant de toutes les stratégies développées en Chine, aux États-Unis, en Angleterre, en Allemagne, en Russie par des concurrents que je connais et dont j'ai l'habitude de suivre les travaux. Des stratégies sont développées par des universités ou des industriels, utilisant différents supports vaccinaux, des vecteurs viraux ou les fameux nouveaux vaccins à ARN* dont tout le monde parle, alors qu'ils n'ont que très peu été testés chez l'homme, auparavant. Clairement, chacun travaille de son côté, et les gouvernements

* Vaccins composés de fragments d'ARN codant pour les séquences antigéniques du coronavirus et encapsulés dans des nanoparticules lipidiques pour mimer un virus.

des différents pays s'impliquent aussi, y compris financièrement. Nous sommes solides car nous croyons en notre méthode qui a fait ses preuves. Nous sommes solides aussi parce que nous faisons partie des 8 candidats choisis par le très expérimenté CEPI parmi les quelque 200 candidats vaccins en développement dans le monde. En France, notre vaccin Covid est assurément le seul qui progressera jusqu'aux essais cliniques. C'est rassurant, mais c'est aussi stressant et cela nous met une forte pression.

Les incubateurs à cellules tournent à plein régime. Les techniciens manipulent avec application des centaines de boîtes de culture chaque semaine. Dans les couloirs on se croise masqués, le midi on déjeune entre nous dans le jardin car la cantine est fermée. L'institut est désert, comme habituellement les week-ends lorsqu'on vient arrêter ou lancer une « manip ». Le campus est splendide, il est arboré, les oiseaux et les chats reviennent, il fait beau.

Paris est vide. Le printemps s'est installé, la météo est magnifique, le calme insolite des rues sans voitures est inédit, les tilleuls exhalent déjà leur parfum délicat et mielleux, les cerisiers japonais du campus sont en fleur, on entend à nouveau les moineaux. Paradoxalement je suis heureux. Je fais mon métier et pour l'instant tout va bien. Le travail que j'ai développé pendant vingt ans dans mon labo est en train de porter à nouveau ses fruits. Je circule en scooter dans une ville morte, muni des autorisations quotidiennes, il me suffit de dix minutes pour me rendre à l'Institut au lieu des trente-cinq minutes habituelles. On peut même respirer sur le boulevard périphérique. Quand je ne suis pas au labo, je passe mes journées en téléconférence chez moi. Notre dernière fille est revenue se confiner à la maison avec nous et prépare ses examens qu'elle obtiendra en juin. La cohabitation familiale est un bonheur malgré l'ambiance délétère imprimée par la maladie et le bombardement médiatique.

Comme tous les Français, nous organisons des réunions Zoom ou Teams avec nos amis et la famille. Les nouvelles s'échangent. Je suis évidemment au cœur de toutes les discussions et l'objet de mille questions de la part de tous du fait de mon exposition médiatique. Je suis resté à distance des nombreux débats de société induits par cette crise sanitaire, que ce soit sur la responsabilité du gouvernement, les masques, ou la chloroquine *, ces discussions dans lesquelles tout le monde parle à tort et à travers sans savoir, élus, journalistes ou simples commentateurs sur les réseaux sociaux, tous se croient médecin ou virologue. Un scientifique sait tout ce qu'il ne sait pas. Après un an de recul et une bien meilleure connaissance de cette maladie, des traitements possibles ou non, des effets du confinement ou du port du masque, ces inévitables controverses apparaissent médiocres, inutiles, voire nocives, et elles confirment ces mots de Stephen Hawking : « Le plus grand ennemi de la connaissance n'est pas l'ignorance, mais plutôt l'illusion de la connaissance. »

La connaissance, nous prenons mille précautions au laboratoire pour ne pas en avoir l'illusion ni en faire une vérité absolue. Elle est notre quête, notre joyau à nous chercheurs, elle nous motive, nous avons dédié notre vie à en comprendre quelques détails, elle nous rassure sur le sens de la vie. Mais dans un laboratoire elle évolue tous les jours, après chaque expérience, chaque nouvelle observation, au moindre détail inopiné. Particulièrement avec un nouveau virus et un vaccin à concevoir dont personne ne sait encore s'il marchera. On connaît mal l'immunité contre les coronavirus et encore moins contre celui-ci. Est-elle suffisamment durable pour protéger à long terme d'une réinfection ? Quel type d'immunité entraînera la protection ? Des anticorps

* L'hydroxychloroquine est un médicament dérivé de la quinine initialement utilisé dans le traitement du paludisme, de la polyarthrite rhumatoïde ou du lupus pour ses propriétés anti-inflammatoires. Cette molécule a été récemment testée contre le coronavirus SARS-CoV-2. Après des premières études présentées comme positives, il est apparu qu'en fait ce médicament n'a aucune action contre le Covid.

neutralisants, des réponses cellulaires, lesquelles ? À ces interrogations, nous devons répondre rapidement.

Nous mettons en place nos modèles habituels de vaccination et d'infection chez la souris de laboratoire. Un vaccin doit montrer son efficacité chez l'animal avant d'être injecté à l'homme pour éviter de faire un essai clinique humain inutile avec un produit qui ne serait pas efficace. Un vaccin agit au niveau de l'organisme dans son ensemble, et le système immunitaire ne peut pas être reproduit intégralement de manière artificielle hors d'un être vivant. Les modèles animaux sont donc nécessaires, même s'ils sont utilisés avec parcimonie et respect des règles éthiques internationales, qui sont très strictes et imposent une réduction au maximum de leur utilisation et de la souffrance animale. C'est une organisation compliquée qui nécessite de nombreuses autorisations réglementaires, du personnel formé spécifiquement, l'utilisation de locaux de haute sécurité et de procédures complexes. Ces expériences prennent huit à dix semaines et doivent être répétées plusieurs fois.

Mais nous avons de la chance ! Nos premiers résultats montrent que les candidats vaccins testés induisent de très bonnes réponses immunitaires susceptibles de protéger de l'infection. Je rappelle qu'il s'agit d'un vaccin rougeole qui véhicule des antigènes du virus SARS-Cov-2 (nom définitif du virus provoquant le Covid). Nous détectons dans le sérum des souris vaccinées des anticorps contre le SARS-Cov-2 capables de neutraliser son infectivité. Il nous a fallu pour cela mettre au point des tests pour détecter spécifiquement ces anticorps dans le sérum, et d'autres pour démontrer que ces anticorps neutralisent l'infection par le coronavirus. Nous produisons au fur et à mesure d'autres candidats vaccins améliorés pour les comparer et identifier le meilleur d'entre eux, celui avec lequel nous poursuivrons les études vers les essais chez l'homme. Il doit pour cela induire les meilleures réponses immunitaires possibles, être d'une sûreté absolue et pouvoir être produit à très large échelle. Toutes ces caractéristiques primordiales pour un vaccin vont dépendre d'une ou deux mutations introduites ici ou là dans la séquence génomique du virus vaccinal. Nous devons être très précis.

Les industriels et les premiers essais cliniques

Nous apprenons à ce moment-là que la société autrichienne Themis qui développe ce vaccin contre le Covid avec nous et nos partenaires du CEPI va se faire racheter par une des plus grosses firmes pharmaceutiques au monde, la société américaine Merck, pour poursuivre le développement du vaccin. Seules quelques très grosses sociétés pharmaceutiques ont la capacité, les moyens et l'expertise nécessaires pour développer des vaccins jusqu'aux essais cliniques terminaux extrêmement coûteux, puis la production industrielle qui nécessite un parc d'usines très spécialisées, et enfin la commercialisation mondiale. Il est donc courant que les petites sociétés qui réalisent les premières étapes du développement industriel, comme Themis, soient rachetées par de plus grosses. C'est d'abord une grande fierté pour moi, pour mon équipe et pour l'Institut Pasteur que nos travaux soient reconnus par un des plus grands développeurs industriels de vaccin. C'est ensuite l'espoir qui se confirme que, si notre vaccin fonctionne, son développement industriel et sa distribution mondiale seront assurés par un des meilleurs professionnels du métier. Nous regrettons néanmoins qu'une grande société française qui compte également parmi les meilleurs industriels du vaccin au monde ne se soit pas intéressée à nos travaux. Mais les stratégies industrielles sont toutes respectables.

L'Institut Pasteur est une fondation privée reconnue d'utilité publique et ce statut lui impose un regard de l'État sur son fonctionnement par la présence de représentants de plusieurs ministères à son conseil d'administration. L'Institut Pasteur ne produit ni ne vend de vaccins, il les invente en réalisant ses missions que sont la recherche, l'enseignement, la santé publique et le développement de l'innovation. Il doit donc octroyer des licences d'exploitations de ses inventions à des industriels pour qu'elles aboutissent à la fabrication de produits de santé humaine ou vétérinaire agréés par les autorités réglementaires pour être mis sur le marché. En pleine crise sanitaire mondiale, les gouvernements sous pression veulent savoir sur quoi ils peuvent compter, ils s'informent et sont parfaitement au courant de tout ce qui se prépare dans le monde industriel du vaccin. Dans chaque pays, toujours chacun pour soi, les différents gouvernements passent déjà des accords de préachat avec des industriels. C'est-à-dire qu'ils « misent » sur un candidat vaccin et sur un industriel en qui ils ont confiance, ou sur plusieurs s'ils sont avisés, en promettant de préacheter un certain nombre de doses de vaccin lorsqu'il sera prêt pour assurer la protection de leur population. Il semble évident qu'un vaccin inventé en France doit être mis à disposition des Français s'il est un jour sur le marché. Au cours des négociations, Christian Vigouroux, le président de l'Institut Pasteur, et Stewart Cole, son directeur général, ont insisté sur la valeur pasteurienne qu'un produit issu de notre recherche devait être destiné à tous sans exception.

Au mois d'août 2020, un des candidats vaccins développés dans mon laboratoire est entré en essai clinique. Il a été inoculé aux premiers volontaires. Il aura fallu six mois pour y parvenir, alors que pour nos précédents vaccins plusieurs années avaient été nécessaires. Le candidat vaccin définitif a été sélectionné en juin, et il a suffi de deux mois pour fabriquer le lot clinique, c'est-à-dire les doses qui vont être utilisées chez l'homme. Ce ne sont bien sûr pas les mêmes que nous utilisons au laboratoire sur les souris. Pour entrer en clinique humaine, le vaccin doit être fabriqué selon des normes et des bonnes pratiques de fabrication très strictes et contrôlées. Le lot clinique ainsi manufacturé doit ensuite être approuvé par les agences réglementaires des pays où les essais cliniques seront réalisés. Ces étapes habituellement très longues ont été raccourcies du fait de l'expérience industrielle acquise par nos partenaires avec nos précédents vaccins basés sur le même principe, et grâce aux procédures accélérées des agences dans le contexte du Covid.

L'Institut Pasteur est responsable de la réalisation du premier essai clinique de phase 1 qui se déroule simultanément à Paris et en Belgique. Cet essai est destiné à évaluer sur une centaine de volontaires la tolérance, les éventuels effets secondaires et les réponses immunitaires induites par la vaccination après une ou deux doses. Si les résultats de cet essai sont positifs, c'est-à-dire que le vaccin est bien toléré et qu'il entraîne les réponses immunitaires souhaitées, le développement ultérieur et les essais cliniques de phase 2 et 3 seront assurés par l'entreprise pharmaceutique Merck. Ces essais de grande taille sont destinés à confirmer la sûreté et l'immunogénicité* du vaccin sur un plus grand nombre de volontaires, entre 500 pour la phase 2 et plusieurs dizaines de milliers pour la phase 3, et à en démontrer l'efficacité protectrice lorsqu'une partie des volontaires vaccinés se retrouve exposée à l'infection naturelle par le SARS-Cov-2. Il faudra alors démontrer que la majorité des individus vaccinés n'a pas contracté la maladie ou l'infection par rapport à un groupe contrôle ayant reçu un placebo.

L'ensemble de ces tests durera encore de longs mois avant que l'on sache si ce vaccin sera un jour utilisé chez l'homme pour le protéger du Covid. Sera-t-il encore en lice à ce moment-là ? Où en seront les concurrents ? Où en sera la pandémie ?

* L'immunogénicité est la capacité du vaccin à induire une réponse immunitaire.

Les chercheurs perdent la main

En décembre 2020, en écrivant ces lignes, nous ne connaissons pas encore les résultats des essais cliniques initiés en août. Les chercheurs font leur travail, les industriels le leur. Chacun à son rythme dans des logiques différentes. Le monde de la recherche est ultracompétitif, celui de l'industrie pharmaceutique l'est encore plus compte tenu des enjeux financiers mobilisés et des retours sur investissement espérés.

Pourquoi le candidat vaccin développé à l'Institut Pasteur apparaît-il en retard alors que d'autres sont déjà distribués dans la population ? Ces autres candidats ont été développés par des biotech relativement nouvelles dans l'industrie du vaccin, qui n'en ont jamais produit d'autres auparavant. Ces biotech ont bénéficié d'immenses moyens financiers du fait de l'espoir qu'elles suscitaient chez les investisseurs. Leur stratégie de communication reflète ces espoirs, et chaque annonce fait monter les cours de la Bourse. Elles doivent donc communiquer vite et souvent. Au contraire, les grandes firmes de l'industrie pharmaceutique, comme Merck, GSK ou Sanofi, déjà largement établies depuis des décennies et qui ont produit tous les vaccins en usage courant, ont plus à perdre qu'à gagner d'une communication trop hâtive. Ils sont précautionneux et savent les risques d'une erreur sur un programme vaccinal. Tout se bouscule : image, risques financiers ou de réputation, appétence ou rejet du public. Ces énormes firmes multinationales produisent tous les vaccins courants mais aussi tous les médicaments que nous utilisons au quotidien. Le risque qu'elles courent en cas d'erreur est énorme. L'Institut Pasteur a mis son savoir-faire pour ce vaccin entre les mains d'une des plus grosses firmes pharmaceutiques au monde. L'avenir commercial de ce vaccin, dès lors qu'il sera efficace chez l'homme, ce que nous souhaitons, dépendra de choix stratégiques qui échappent aux chercheurs.

La population est dans une attente immense et légitime. Aucune molécule antivirale n'ayant démontré son efficacité contre le Covid, un vaccin est nécessaire au plus vite pour protéger de ce fléau qui tue chaque jour. Cela justifie-t-il un empressement peut-être non raisonnable ? Beaucoup de questions restent en suspens. La protection induite est-elle durable, les essais cliniques ayant été très courts ? Faudra-t-il revacciner régulièrement ? Les personnes âgées qui sont les plus vulnérables seront-elles efficacement protégées ? Ces vaccins procureront-ils la fameuse immunité de groupe qui bloque la transmission virale entre les vaccinés et les autres ? Mais il est logique et pragmatique de commencer à vacciner avec les produits disponibles aujourd'hui si ces vaccins sont parfaitement sûrs et bien tolérés. Le ratio bénéfice-risque est d'une importance cruciale. Les services de santé publique et le pouvoir politique en décident avec les informations dont ils disposent au moment de prendre leur décision. D'autres vaccins seront disponibles plus tard. Espérons-le, le plus vite possible.

Cette expérience a été une course de quelques mois. Elle n'est pas finie, il nous reste des articles scientifiques à écrire, des conférences à donner. Même si nous ne participerons pas au développement industriel du vaccin, nous suivrons son histoire. L'ensemble du personnel de mon laboratoire et de l'Institut Pasteur impliqué sur la génération de ce vaccin a été compétent et motivé au plus haut niveau, et c'est à lui que devra revenir le succès espéré si nous réussissons. Ce récit leur est aussi destiné en remerciement de leur talent. J'ai bien sûr repensé à quelques phrases de Louis Pasteur, celles que j'aime citer dans mes cours de vaccinologie, qui m'ont toujours inspiré et qui s'appliquent parfaitement à cette aventure scientifique : « Ne séparez pas la recherche fondamentale et appliquée, il n'y a que la recherche et ses applications » ; « La chance favorise les esprits bien préparés » ; « Le meilleur médecin est la nature : elle guérit de nombreuses maladies et ne critique jamais ses collègues ». Celle-ci s'applique parfaitement à notre vaccin dérivé du virus de la rougeole, qui est un produit naturel.

CHAPITRE 4

Et après ?...

La reprise de l'épidémie à l'automne 2020

En décembre 2020, la pandémie n'est toujours pas contrôlée et flambe encore sur tous les continents. En France, le nombre de cas est à la hausse depuis la fin d'été, comme cela avait été prévu par les épidémiologistes. Il faut leur faire confiance, ce sont de rigoureux observateurs des épidémies. Comme des entomologistes, ils mesurent, comparent, analysent les infections humaines, leur transmission, leur dynamique, et ils en tirent, depuis plus d'un siècle que cette science existe, des connaissances extrêmement robustes. Dès le début de l'automne l'épidémie s'est mise à flamber en France et dans toute l'Europe à des taux même supérieurs à ceux prévus par les épidémiologistes. Comme toutes les maladies respiratoires virales dont la transmission est favorisée par l'augmentation des sécrétions nasales liées au froid et à l'humidité, le Covid pourrait sévir encore plus sérieusement en hiver.

Et dans les années à venir ? Il y en a pour combien de temps ? Ce virus semble se plaire dans l'espèce humaine. Il s'y est adapté très vite par un petit nombre de mutations qui n'ont aucune raison de disparaître si le virus n'est pas combattu au plan moléculaire par nos propres anticorps. Tant qu'il n'y aura pas de vaccin ou qu'une grande proportion d'humains ne sera pas vaccinée, ce nouveau virus a potentiellement la capacité d'infecter toute la population humaine. Cela lui prendra plusieurs années en faisant le tour du monde dans les narines de milliards de Terriens.

La population mondiale se renouvelle au rythme d'environ 120 millions de naissances par an. Ces naissances entraînent un rajeunissement dans la plupart des régions très peuplées. Plus de 1 milliard de la population mondiale a moins de 10 ans, soit 16 % des 7,5 milliards d'habitants de la planète. Ces enfants sont de nouvelles proies « naïves » pour la transmission de tous les virus. L'adaptation de la population humaine, ou d'une partie seulement, à un nouveau virus prendrait des centaines ou des milliers d'années, si ce n'est plus*. En revanche, un virus s'adapte facilement à un nouvel hôte car il mute très rapidement, en quelques semaines. Les virus existent depuis la nuit des temps, ils étaient là bien avant nous. Ils infectaient déjà les bactéries il y a des milliards d'années, et tous les invertébrés il y a quelque 600 millions d'années avant que nous n'apparaissions. Alors qu'il a fallu franchir toutes les étapes de l'histoire de la vie depuis les 3 ou 4 milliards d'années qu'elle existe pour que l'ADN des bactéries évolue lentement jusqu'au nôtre par transmission sexuelle verticale des gènes, les virus à ARN, qui existaient probablement avant même les bactéries, sont restés relativement stables. Ainsi, des virus qui infectent les crevettes ou d'autres crustacés sont tout à fait ressemblants et génétiquement proches de nos propres virus, comme ceux de la rougeole ou de la rage.

Or les virus sont des êtres simples dont la survie, selon les lois darwiniennes, dépend de leur adaptabilité à leur environnement

* Il s'agit de mutations génétiques de résistance transmises dans la lignée germinale.

et de leur nombre. Nous avons vu que leur capacité numéraire est colossale par rapport à la nôtre. Comme ces parasites ne peuvent pas survivre en dehors de leur hôte, leur intérêt est de s'y adapter plutôt que de le tuer. On peut donc supposer que le coronavirus responsable du Covid devra perdre de sa pathogénicité s'il « veut » se fondre dans la population humaine et devenir une infection bénigne, comme chez son hôte originel la chauve-souris. Perdre de sa pathogénicité, cela implique de muter son génome au plan moléculaire et que ces mutations soient favorables à la survie du virus. Jusqu'à présent, la population étant « naïve », sans résistance immunitaire, le virus s'est facilement propagé et continue de le faire. Tant qu'une majorité de la population mondiale ne sera pas immunisée, rien n'obligera ce virus à modifier son génome ou son comportement. Seule l'immunité spécifique induite chez les primo-infectés ou les individus vaccinés préventivement peut protéger de l'infection ou réduire les symptômes.

L'ennemi invisible

Il n'est pas question ici de se défendre contre un lion des cavernes, une meute de loups ou une quelconque armée qui nous aurait attaqués par surprise. Ce nouvel ennemi est invisible, on ne sait pas où il se cache, quand il va attaquer, ni les dégâts qu'il va faire. Seuls les laboratoires de virologie savent l'observer au microscope électronique, et encore seulement lorsqu'il est cultivé, dompté. Dans la nature, on ne le voit pas, on n'en voit que les effets. Pourtant nous devrions avoir l'habitude. Ce n'est pas la première fois que les virus perturbent notre histoire. Nous vivons avec eux et subissons leur loi. L'humanité elle-même constitue un environnement favorable à leur développement et certains mènent leur vie en toute quiétude parmi nous. Les virus ne disparaissent pas, ils se transforment, ils ont toujours existé et existeront toujours. Jusqu'à aujourd'hui, rappelons-le, les hommes n'ont réussi à éradiquer que deux virus, celui de la variole humaine et celui de la peste bovine. Après des décennies d'efforts mondiaux, la poliomyélite n'est toujours pas éradiquée et circule encore dans deux pays. Nous n'avons appris que très récemment, depuis l'ère pasteurienne, à contrôler les infections virales par l'hygiène et les vaccins. Nous n'attrapons plus la rougeole, la polio, la rage et tant d'autres maladies parce que nous sommes vaccinés contre elles. Mais ces virus n'ont pas disparu et tant que quelques individus restent infectés, ils peuvent s'attaquer à tous ceux qui ne sont pas vaccinés. Heureusement, la très grande majorité des virus existants sont bénins.

Toutes les épidémies historiques contées dans ce livre, avec leur fardeau de vies abrégées, de villages et de villes meurtris, d'empires ébranlés, de sociétés fragilisées, de populations épouvantées, devraient nous avoir enseigné la résilience. La crise du Covid-19 nous montre que ce n'est pas le cas pour la plupart d'entre nous. Les populations des régions pauvres du monde sont bien plus résilientes face aux épidémies car elles n'ont pas le choix. Notre société de confort, d'hygiène, de mobilité, de progrès nous avait donné le sentiment de tout maîtriser. Avec la meilleure médecine qui soit, une technologie capable de poser des engins sur Mars au centimètre près, des ordinateurs surpuissants qui font presque tout pour nous, nous pensions n'avoir plus rien à craindre des maladies infectieuses.

Or les fléaux infectieux nous terrifient encore, comme la peste au Moyen Âge ou la variole au XVIIIe siècle. Que ferions-nous si les épidémies d'Ebola ou de fièvre de Lassa sortaient d'Afrique et nous atteignaient avec leurs taux de mortalité qui oscillent entre 50 et 80 % des personnes infectées ? Par chance, nous disposons aujourd'hui de vaccins contre ces deux maladies, et nous sommes fiers à l'Institut Pasteur d'avoir conçu celui contre la fièvre de Lassa à partir de notre technologie du vaccin rougeole. Mais serions-nous capables de vacciner la planète ? Pourrons-nous le faire avec un vaccin contre le Covid ?

Certes, nos armes de défense sont bien meilleures qu'auparavant. La recherche vaccinale a fait des progrès considérables ces trente dernières années, tant dans la conception des vaccins et la compréhension de leur fonctionnement que dans l'amélioration de leur sûreté, leur fabrication ou leur formulation. Un vaccin sert à prévenir une infection ; il n'agit pas sur le microbe, il agit sur notre système immunitaire pour nous préparer à nous défendre nous-mêmes de l'infection quand elle surviendra. Cette médecine préventive est beaucoup moins coûteuse et invasive que la médecine thérapeutique. Mais les chercheurs et les médecins ont aussi mis au point des traitements qui, à l'inverse, agissent directement sur les microbes. Alors que les antibiotiques combattent les bactéries, les antiviraux s'attaquent aux virus. Ces médicaments bloquent spécifiquement la multiplication des virus, leur entrée dans les cellules ou d'autres fonctions essentielles à leur développement. Un peu comme les insecticides agissent sur les insectes.

Les antiviraux sont très utiles pour traiter les infections virales chroniques comme le sida, les hépatites virales ou encore l'herpès, des maladies causées par des virus qui persistent dans l'organisme et réussissent à contrer les réponses immunitaires dirigées contre eux pour se multiplier. Mais les infections virales aiguës sont fugaces, et les virus à ARN, comme ceux de la dengue, de Zika, de la fièvre jaune, de la grippe ou encore du Covid-19 et bien d'autres, se multiplient rapidement dans l'organisme en quelques jours avant de disparaître, souvent avant la survenue même des symptômes. Ces infections sont donc difficiles à traiter avec des médicaments. On combat les microbes à armes égales quand on a compris leur biologie et identifié leurs points faibles.

Les indispensables mesures sanitaires

Au mois de décembre 2020, la pandémie du virus SARS-Cov-2 a déjà causé près de 80 millions de cas de Covid dans le monde et tué plus de 1,7 million de personnes en moins d'un an, ce qui est largement supérieur au nombre de décès causés par le sida en 2019 (moins de 700 000). Nous n'avons toujours pas de vaccin contre le sida malgré un travail acharné des scientifiques du domaine. Bien sûr, les coronavirus n'ont rien à voir avec le virus de l'immunodéficience humaine qui cause le sida. Et nous pensons qu'il sera plus facile d'obtenir un vaccin contre le Covid que contre le sida. En effet, le coronavirus semble assez stable pour l'instant, même si plusieurs variants ont été identifiés, alors que le VIH varie d'une manière colossale et s'attaque insidieusement au système immunitaire. Mais aucun vaccin contre aucun coronavirus n'a jamais été développé auparavant et nous n'avons pas encore d'argument pour dire que les vaccins en développement actuellement seront efficaces à long terme. On sait que l'immunité contre les coronavirus n'est pas très puissante et ne persiste pas très longtemps.

En attendant, outre l'amélioration de la prise en charge d'une maladie qu'on connaît mieux maintenant, il nous reste les mesures sociétales : porter le masque, changer nos habitudes sociales, nous laver régulièrement les mains, ne plus nous embrasser, pratiquer le télétravail, réduire nos voyages et nos déplacements, modifier notre économie pour moins dépendre du commerce à longue distance, vivre au vert, se retirer en Corse ou en Bretagne pour ceux qui le peuvent !... Toutes ces méthodes non biologiques auront un impact certain, elles permettront de réduire la transmission du virus et contribueront à nous protéger.

Mais leur impact reste faible au regard de ce que pourra faire un vaccin, s'il est efficace et s'il est accessible et accepté par une majorité de la population mondiale.

CONCLUSION

Le monde de demain ?

Le virus du SARS-CoV-2 sonne comme un sinistre rappel pour l'humanité. Il n'est qu'une apostille de l'histoire, un post-scriptum à la longue liste de virus, de bactéries, de parasites que l'humanité a toujours traînés derrière elle comme un frein constant à son activité et à son expansion. Hélas, il faut l'accepter ! Ce catalogue de menaces microbiennes pour l'espèce humaine ne fera que s'étoffer, nous obligeant à nous adapter, à réagir et peut-être même à reconsidérer notre relation à la nature. Les appels à inventer « le monde d'après » n'ont pas cessé, depuis l'intrusion de ce perturbateur nanométrique. Si la planète a vécu le confinement comme un sursis, beaucoup d'activités humaines et sociales commencent à être repensées afin de diminuer notre impact sur l'environnement.

Les maladies infectieuses émergentes et réémergentes sont des épiphénomènes à l'échelle de l'histoire humaine et de nos interactions violentes avec la nature. Alors que les sociétés humaines grandissent en taille et en complexité, que la puissance de l'homme n'a jamais été si grande, notre soif de croissance crée une variété infinie d'opportunités pour que des agents infectieux génétiquement instables émergent en leur offrant une niche écologique inespérée : une humanité de 7,8 milliards d'individus.

Le Covid-19 n'est rien qu'une nouvelle épidémie qui s'ajoute à toutes celles que l'humanité a connues. Nous pensions être débarrassés de ces fléaux, qu'ils appartenaient au passé ? Il n'en est rien. Nous avons gravement altéré le monde dans lequel nous vivons, ce qui provoque des réactions imprévisibles de plus en plus brusques et extrêmes de la nature. L'homme n'est qu'un maillon dans un écosystème qui ne peut pas être perturbé à outrance sans risque.

Certes, la science et la technologie nous ont déjà apporté les moyens de mieux poser les diagnostics, d'adopter les bonnes postures sociales et de prendre en charge les patients les plus gravement atteints. Les campagnes de vaccination commencent déjà fin décembre 2020, et peut-être de nouveaux médicaments suivront. Quand la crise Covid-19 sera résolue, le virus ira se terrer chez l'hôte animal qui l'hébergeait, attendant patiemment une nouvelle occasion de ressurgir si la couverture vaccinale est insuffisante.

Mais il n'y a aucune raison de penser que l'avenir ne sera pas marqué par des crises sanitaires d'une ampleur encore plus grave que celle que nous vivons actuellement.

L'humanité au cours de sa courte et fabuleuse histoire a développé des techniques, des modes de vie qui ont favorisé en cascade l'émergence ou l'expansion de nouveaux germes meurtriers comme l'ont été la rougeole, la peste, le choléra, le typhus, la tuberculose, la grippe espagnole, la fièvre jaune, et plus récemment les virus du sida, de la dengue, Ebola, Zika, du chikungunya, ou du SARS-CoV et du MERS-CoV.

La pandémie de Covid-19 est une inquiétante piqûre de rappel. Elle s'ajoute à cette longue liste des fléaux épouvantables passés aux oubliettes de la mémoire. Les épidémies apparaissent, se déploient puis refluent. Elles s'inscrivent dans l'histoire et l'écrivent parfois, tempérant les ardeurs humaines. Qui sait si Wall Street ne trébuchera pas de manière dramatique sous les assauts du Covid-19, comme la Constantinople chrétienne est tombée sous les coups de la peste ? Une fois le danger passé, l'homme pourrait oublier et vouloir revenir au monde d'avant, sans tirer les leçons du désastre. Mais aujourd'hui nous sommes trop savants pour répéter cette erreur. Le Covid-19 est une crise planétaire qui sonne le glas de l'innocence. Il faut nous réveiller, si nous ne voulons pas précipiter notre fin, comme celle qu'ont connue les dinosaures, mastodontes inadaptés. L'Anthropocène aura une fin comme toutes les périodes de l'histoire de la terre, mais pourquoi la hâter ?

Les microbes ne disparaîtront pas, ils nous survivront. Ils nous surprendront chaque fois qu'un nouveau venu se présentera. Nous devons vivre avec eux, nous en méfier mais les accepter, contrôler la menace qu'ils représentent, en particulier pour les plus fragiles d'entre nous, et éviter de les inciter à quitter leur habitat primaire. Le temps du DDT et des défoliants est révolu. L'homme ne peut plus détruire la nature pour la contrôler.

Cette crise sanitaire est une magistrale leçon de résilience. Elle a montré que nos institutions tiennent la route. Face à la menace, les États tentent d'infléchir les habitudes de vie de leurs populations. De son côté, en se mobilisant dans un élan sans précédent, la recherche scientifique a prouvé son efficacité. Les premiers vaccins ont été annoncés en un temps record, moins d'un an après l'apparition du virus. La crise, enfin, a lancé une réflexion profonde et collective sur les moyens de vivre dans une harmonie plus réfléchie et plus créative avec la nature.

Bibliographie

Introduction

Nicolle C. (1939), *Le Destin des maladies infectieuses*, Presses universitaires de France.

Deslandes A., Berti V., Tandjaoui-Lambotte Y., Alloui C., Carbonnelle E., Zahar J. R., Brichler S., Cohen Y. (2020), « SARS-CoV-2 was already spreading in France in late December 2019 », *Int. J. Antimicrob. Agents*, 55, 106006.

Camus A. (1947), *La Peste*, Gallimard.

Marx K. (1852), *Le 18 Brumaire de Louis Bonaparte*, Le Livre de poche.

Partie I – L'homme façonné par les maladies infectieuses

Chapitre 1 – Le Covid-19

Tangy F., Tournier J.-N. (2017), *Les Vaccins pour les nuls*, First.

Murphy K., Weaver C. (2016), *Janeway's Immunobiology*, Garland Publishing Inc.

Zhou P., Yang X. L., Wang X. G., Hu B., Zhang L., Zhang W., Si H. R., Zhu Y., Li B., Huang C. L., Chen H. D., Chen J., Luo Y., Guo H., Jiang R. D., Liu MQ., Chen Y., Shen X. R., Wang X., Zheng X. S., Zhao K., Chen Q. J., Deng F., Liu L. L., Yan B., Zhan F. X., Wang Y. Y., Xiao G. F., Shi Z. L. (2020), « A pneumonia outbreak associated with a new coronavirus of probable bat origin », *Nature*, 579, p. 270.

Petersen E., Hui D., Hamer D. H., Blumberg L., Madoff L. C., Pollack M., Lee S. S., McLellan S., Memish Z., Praharaj I., Wasserman S., Ntoumi F., Azhar E. I., Mchugh T. D., Kock R., Ippolito G., Zumla A., Koopmans M. (2020), « Li Wenliang, a face to the frontline healthcare worker. The first doctor to notify the emergence of the SARS-CoV-2 (COVID-19), outbreak », *International Journal of Infectious Diseases*, 93, p. 205-207.

Le T. T., Cramer J. P., Chen R. B., Mayhew S. (2020), « Evolution of the COVID-19 vaccine development landscape », *Nature Reviews Drug Discovery*, 19, p. 667-668.

Chapitre 2 – Une approche historique des maladies infectieuses

Nicolle C. (1939), *Le Destin des maladies infectieuses*, Presses universitaires de France.

Casanova J.-L., Abel L. (2013), « The genetic theory of infectious diseases : A brief history and selected illustrations », *Annu. Rev. Genomics Hum. Genet.*, 14, p. 215-243.

Casanova J.-L., Abel L. (2020), « The human genetic determinism of life-threatening infectious diseases : Genetic heterogeneity and physiological homogeneity ? », *Hum. Genet.*, 139, p. 681-694.

Bernard C. (1878), *Leçons sur les phénomènes de la vie communs aux animaux et aux végétaux*, Baillière et fils.

Canguilhem G. (2013), *Le Normal et le Pathologique*, Presses universitaires de France.

Debré P. (2010), *Louis Pasteur*, Flammarion.

Perrot A., Schwartz M. (2014), *Pasteur et Koch. Un duel de géants dans le monde des microbes*, Odile Jacob.

Sédillot C.-E. (1878), « De l'influence des découvertes de M. Pasteur sur les progrès de la chirurgie », *C. R. hebd. séances Acad. sci.*, 86, p. 634-641.

Garnham P. C. C. (1977), « Charles Nicolle and inapparent infections », *Am. J. Trop. Med. Hyg.*, 26, p. 1101-1104.

Dubos R. J. (1955), « Second thoughts on the germ theory », *Sci. Am.*, 192, p. 31-35.

Tangy F., Tournier J.-N. (2017), *Les Vaccins pour les nuls*, First.

Murphy K., Weaver C. (2016), *Janeway's Immunobiology*, Garland Publishing Inc.

Chapitre 3 – Les révélations du génome

Quintana-Murci L., Alcais A., Abel L., Casanova J.-L. (2007), « Immunology in natura : Clinical, epidemiological and evolutionary genetics of infectious diseases », *Nat. Immunol.*, 8, p. 1165-1171.

Cavalli-Sforza L., Cavalli-Sforza F. (1994), *Qui sommes-nous ? Une histoire de la diversité humaine*, Flammarion.

Krings M., Stone A., Schmitz R. W., Krainitzki H., Stoneking M., Pääbo S. (1997), « Neandertal DNA sequences and the origin of modern humans », *Cell*, 90, p. 19-30.

Reich D., Green R. E., Kircher M., Krause J., Patterson N., Durand E. Y., Viola B., Briggs A. W., Stenzel U., Johnson P. L., Maricic T., Good J. M., Marques-Bonet T., Alkan C., Fu Q., Mallick S., Li H., Meyer M., Eichler E. E., Stoneking M., Richards M., Talamo S., Shunkov M. V., Derevianko A. P., Hublin J. J., Kelso J., Slatkin M., Pääbo S. (2010), « Genetic history of an archaic hominin group from Denisova Cave in Siberia », *Nature*, 468, p. 1053-1060.

Sankararaman S., Mallick S., Dannemann M., Prufer K., Kelso J., Pääbo S., Patterson N., Reich D. (2014), « The genomic landscape of Neanderthal ancestry in present-day humans », *Nature*, 507, p. 354-357.

Slon V., Mafessoni F., Vernot B., de Filippo C., Grote S., Viola B., Hajdinjak M., Peyregne S., Nagel S., Brown S., Douka K., Higham T., Kozlikin M. B., Shunkov M. V., Derevianko A. P., Kelso J., Meyer M., Prufer K., Pääbo S. (2018), « The genome of the offspring of a Neanderthal mother and a Denisovan father », *Nature*, 561, p. 113-116.

Quach H., Quintana-Murci L. (2017), « Living in an adaptive world : Genomic dissection of the genus *Homo* and its immune response », *J. Exp. Med.*, 214, p. 877-894.

Barreiro L. B., Quintana-Murci L. (2020), « Evolutionary and population (epi)genetics of immunity to infection », *Hum. Genet.*, 139, p. 723-732.

Spyrou M. A., Bos K. I., Herbig A., Krause J. (2019), « Ancient pathogen genomics as an emerging tool for infectious disease research », *Nat. Rev. Genet.*, 20, p. 323-340.

Salo W. L., Aufderheide A. C., Buikstra J., Holcomb T. A. (1994), « Identification of *Mycobacterium tuberculosis* DNA in a pre-Columbian Peruvian mummy », *Proc. Natl Acad. Sci. USA*, 91, p. 2091-2094.

Bos K. I., Schuenemann V. J., Golding G. B., Burbano H. A., Waglechner N., Coombes B. K., McPhee J. B., DeWitte S. N., Meyer M., Schmedes S., Wood J., Earn D. J., Herring D. A., Bauer P., Poinar H. N., Krause J. (2011), « A draft genome of *Yersinia pestis* from victims of the Black Death », *Nature*, 478, p. 506-510.

Drancourt M., Raoult D. (2005), « Palaeomicrobiology : Current issues and perspectives », *Nat. Rev. Microbiol.*, 3, p. 23-35.

Drancourt M., Aboudharam G., Signoli M., Dutour O., Raoult D. (1998), « Detection of 400-year-old *Yersinia pestis* DNA in human dental pulp : An approach to the diagnosis of ancient septicemia », *Proc. Natl Acad. Sci. USA*, 95, p. 12637-12640.

Achtman M., Zurth K., Morelli G., Torrea G., Guiyoule A., Carniel E. (1999), « *Yersinia pestis*, the cause of plague, is a recently emerged clone of *Yersinia pseudotuberculosis* », *Proc. Natl Acad. Sci. USA*, 96, p. 14043-14048.

[Anonyme] (2018), *World Malaria Report 2018*, Organisation mondiale de la santé.

Rascovan N., Sjogren K. G., Kristiansen K., Nielsen R., Willerslev E., Desnues C., Rasmussen S. (2019), « Emergence and spread of basal lineages of *Yersinia pestis* during the Neolithic decline », *Cell*, 176, p. 295-305, e10.

Alcami A. (2020), « Was smallpox a widespread mild disease ? », *Science*, 369, p. 376-377.

Moodley Y., Linz B., Bond R. P., Nieuwoudt M., Soodyall H., Schlebusch C. M., Bernhoft S., Hale J., Suerbaum S., Mugisha L., Van der Merwe S. W., Achtman M. (2012), « Age of the association between *Helicobacter pylori* and man », *PLoS Pathog.*, 8, e1002693.

Maixner F., Krause-Kyora B., Turaev D., Herbig A., Hoopmann M. R., Hallows J. L., Kusebauch U., Vigl E. E., Malfertheiner P., Megraud F., O'Sullivan N., Cipollini G., Coia V., Samadelli M., Engstrand L., Linz B., Moritz R. L., Grimm R., Krause J., Nebel A., Moodley Y., Rattei T., Zink A. (2016), « The 5300-year-old *Helicobacter pylori* genome of the Iceman », *Science*, 351, p. 162-165.

Chapitre 4 – La sédentarisation, berceau des grands fléaux

Diamond J. (2002), « Evolution, consequences and future of plant and animal domestication », *Nature*, 418, p. 700-707.

Armelagos G. J., Goodman A. H., Jacobs K. (1991), « The origins of agriculture : Population growth during a period of declining health », *Popul. Environ.*, 13, p. 9-21.

Wolfe N. D., Dunavan C. P., Diamond J. (2007), « Origins of major human infectious diseases », *Nature*, 447, p. 279-283.

Harari Y. N. (2017), *Homo deus. Une brève histoire de l'avenir*, Albin Michel.

Dobson A. P., Carper E. R. (1996), « Infectious diseases and human population history : Throughout history the establishment of disease has been a side effect of the growth of civilization », *BioScience*, 46, p. 115-126.

Dux A., Lequime S., Patrono L. V., Vrancken B., Boral S., Gogarten J. F., Hilbig A., Horst D., Merkel K., Prepoint B., Santibanez S., Schlotterbeck J., Suchard M. A., Ulrich M., Widulin N., Mankertz A., Leendertz F. H., Harper K., Schnalke T., Lemey P., Calvignac-Spencer S. (2020), « Measles virus and rinderpest virus divergence dated to the sixth century BCE », *Science*, 368, p. 1367-1370.

Cairns J. (1997), *Matters of Life and Death : Perspectives on Public Health, Molecular Biology, Cancer and the Prospects for the Human Race*, Princeton University Press.

Diamond J. (2000), *De l'inégalité parmi les sociétés. Essai sur l'homme et l'environnement dans l'histoire*, Gallimard.

Black F. L., Hierholzer W. J., Pinheiro F., Evans A. S., Woodall J. P., Opton E. M., Emmons J. E., West B. S., Edsall G., Downs W. G., Wallace G. D. (1974), « Evidence for persistence of infectious agents in isolated human populations », *Am. J. Epidemiol.*, 100, p. 230-250.

Gagneux S. (2018), « Ecology and evolution of *Mycobacterium tuberculosis* », *Nat. Rev. Microbiol.*, 16, p. 202-213.

Boisson-Dupuis S. (2020), « The monogenic basis of human tuberculosis », *Hum. Genet.*, 139, p. 1001-1009.

Paulson T. (2013), « Epidemiology : A mortal foe », *Nature*, 502, S2-3.

Schwartz M., Perrot A. (2014), *Pasteur et Koch. Un duel de géants dans le monde des microbes*, Odile Jacob.

Hinman A. R., Judd J. M., Kolnik J. P., Daitch P. B. (1976), « Changing risks in tuberculosis », *Am. J. Epidemiol.*, 103, p. 486-497.

Blanpain N. (2011), « L'espérance de vie s'accroît, les inégalités sociales face à la mort demeurent », *INSEE Première*, 1372.

Chapitre 5 – Infections, génétique et sélection naturelle

Cairns J. (1997), *Matters of Life and Death : Perspectives on Public Health, Molecular Biology, Cancer and the Prospects for the Human Race*, Princeton University Press.

Quintana-Murci L. (2019), « Human immunology through the lens of evolutionary genetics », *Cell*, 177, p. 184-199.

Darwin C. (1859/2008), *L'Origine des espèces au moyen de la sélection naturelle ou la Préservation des races favorisées dans la lutte pour la vie*, Flammarion.

Allison A. C. (1954), « Protection afforded by sickle-cell trait against subtertian malareal infection », *Br. Med. J.*, 1, p. 290-294.

Enard D., Cai L., Gwennap C., Petrov D. A. (2016), « Viruses are a dominant driver of protein adaptation in mammals », *Elife*, 5.

Quach H., Rotival M., Pothlichet J., Loh Y. E., Dannemann M., Zidane N., Laval G., Patin E., Harmant C., Lopez M., Deschamps M., Naffakh N., Duffy D., Coen A., Leroux-Roels G., Clement F., Boland A., Deleuze J.-F., Kelso J., Albert M.-L., Quintana-Murci L. (2016), « Genetic adaptation and Neandertal admixture shaped the immune system of human populations », *Cell*, 167, p. 643-656, e17.

Énard D., Petrov D. A. (2018), « Evidence that RNA viruses drove adaptive introgression between Neanderthals and modern humans », *Cell*, 175, p. 360-371, e13.

Quintana-Murci L., Alcais A., Abel L., Casanova J.-L. (2007), « Immunology in natura : Clinical, epidemiological and evolutionary genetics of infectious diseases », *Nat. Immunol.*, 8, p. 1165-1171.

Quintana-Murci L. , https://www.college-de-france.fr/site/lluis-quintana-murci/index.htm
Hutter G., Nowak D., Mossner M., Ganepola S., Mussig A., Allers K., Schneider T., Hofmann J., Kucherer C., Blau O., Blau I. W., Hofmann W. K., Thiel E. (2009), « Long-term control of HIV by CCR5 Delta32/Delta32 stem-cell transplantation », *N. Engl. J. Med.*, 360, p. 692-698.
Patin E. (2020), « Plague as a cause for familial Mediterranean fever », *Nat. Immunol.*, 21, p. 833-834.
Karlsson E. K., Harris J. B., Tabrizi S., Rahman A., Shlyakhter I., Patterson N., O'Dushlaine C., Schaffner S. F., Gupta S., Chowdhury F., Sheikh A., Shin O. S., Ellis C., Becker C. E,. Stuart L. M., Calderwood S. B., Ryan E. T., Qadri F., Sabeti P. C., Larocque R. C. (2013), « Natural selection in a Bangladeshi population from the cholera-endemic Ganges river delta », *Sci. Transl. Med.*, 5, 192ra86.
Casanova J.-L., Abel L. (2013), « The genetic theory of infectious diseases : A brief history and selected illustrations », *Annu. Rev. Genomics Hum. Genet.*, 14, p. 215-243.
Casanova J.-L., Abel L. (2020), « The human genetic determinism of life-threatening infectious diseases : Genetic heterogeneity and physiological homogeneity ? », *Hum. Genet.*, 139, p. 681-694.

Partie II – Le rôle des maladie infectieuses dans l'histoire de la France et du monde

Chapitre 1 – Des hommes, des infections et le pouvoir royal

Jorland G. (2011), « La variole et la guerre de 1870 », *Les Tribunes de la Santé*, 33, p. 25-30.
Delpech M. (1875), *Rapport général à M. le ministre de l'Agriculture et du Commerce sur les épidémies dans les années 1870-1871-1872 fait de la commission permanente des épidémies de l'Académie de médecine*, Masson.

Chapitre 2 – Le cours des guerres et l'avenir des nations bouleversés par les épidémies

Ruffié J., Sournia J.-C. (1984), *Les Épidémies dans l'histoire de l'homme. De la peste au sida*, Flammarion.
Perrot A., Schwartz M. (2013), *Pasteur et ses lieutenants. Roux, Yersin et les autres*, Odile Jacob.

Mollaret H. H., Brossolet J. (1985), *Alexandre Yersin. Un pasteurien en Indochine*, Belin.
Zinsser H. (1935), *Rats, Lice and History. A Chronicle of Pestilence and Plagues*, Black Dog and Leventhal Publishers.
Laveran A. (1875), *Traité des maladies et épidémies des armées*, Masson.
Debré P., Gonzalez J.-P. (2013), *Vie et mort des épidémies*, Odile Jacob.
Raoult D., Dutour O., Houhamdi L., Jankauskas R., Fournier P. E., Ardagna Y., Drancourt M., Signoli M., La V. D., Macia Y., Aboudharam G. (2006), « Evidence for louse-transmitted diseases in soldiers of Napoleon's Grand Army in Vilnius », *J. Infect. Dis.*, 193, p. 112-120.
Evans R. J. (1988), « Épidémies et révolutions. Le choléra dans l'Europe du XIXe siècle », *in* Bardet J.-P., Bourdelais J.-P., Guillaume P., Lebrun F., Quételet C. (dir.), *Peurs et terreurs face à la contagion. Choléra, tuberculose, syphilis (XIXe-XXe siècles)*, Bayard.
Morens D. M., Folkers G. K., Fauci A. S. (2008), « Emerging infections : A perpetual challenge », *The Lancet, Infect. Dis.*, 8, p. 710-719.
Benoiston de Châteauneuf L.-F., Chevallier J.-B., Devaux L. (1834), *Rapport sur la marche et les effets du choléra-morbus dans Paris et les communes rurales du département de la Seine*, Imprimerie nationale.
McNeill W. H. (1976), *Plagues and Peoples*, Random House.

Chapitre 3 – L'influence de la prévention dans les conflits armés

Laveran A. (1875), *Traité des maladies et épidémies des armées*, Masson.
Perrot A., Schwartz M. (2016), *Le Génie de Pasteur au secours des poilus*, Odile Jacob.
Sergent E., Sergent E. (1932), *L'Armée d'Orient délivrée du paludisme*, Masson.
Schwartz M., Perrot A. (2013), *Pasteur et ses lieutenants. Roux, Yersin et les autres*, Odile Jacob.
Ruffié J., Sournia J.-C. (1984), *Les Épidémies dans l'histoire de l'homme. De la peste au sida*, Flammarion.
Crosby A. W. (1989), *America's Forgotten Pandemic. The Influenza of 1918*, Cambridge University Press.
Spinney L. (2018), *La Grande Tueuse. Comment la grippe espagnole a changé le monde*, Albin Michel.
Vinet F. (2018), *La Grande Grippe. 1918, la pire épidémie du siècle*, Vendémiaire.
Vagneron F. (2015), *Aux frontières de la maladie. L'histoire de la grippe pandémique en France (1889-1919)*, thèse de doctorat en histoire, École des hautes études en sciences sociales.

Tumpey T. M., Basler C. F., Aguilar P. V., Zeng H., Solorzano A., Swayne D. E., Cox N. J., Katz J. M., Taubenberger J. K., Palese P., Garcia-Sastre A. (2005), « Characterization of the reconstructed 1918 Spanish influenza pandemic virus », *Science*, 310, p. 77-80.

Chapitre 4 – La variole, redoutable alliées des conquistadores

Crosby A. W. (1972), *The Columbian Exchange. Biological and Cultural Consequences of 1492*, Greenwood Press.
Las Casas B. de (1986), *Très brève relation de la destruction des Indes*, La Découverte/Syros.
Black F. L. (1992), « Why did they die ? », *Science*, 258, p. 1739-1740.
Thornton R. (1942), *American Indian Holocaust and Survival : A Population History since 1492*, University of Oklahoma Press.

Chapitre 5 – L'expansion coloniale française compromise par la fièvre jaune

Barrett A. D., Higgs S. (2007), « Yellow fever : A disease that has yet to be conquered », *Annu. Rev. Entomol.*, 52, p. 209-229.
McNeil J. R. (2010), *Mosquito Empires : Ecology and War in the Greater Caribbean. 1620-1914*, Cambridge University Press.
Barrett A. D. T. (2018), « The reemergence of yellow fever », *Science*, 361, p. 847-848.
Ross R. (1902/1967), « Researches on malaria », *in Nobel Lectures 1901-1921*, Elsevier Publishing Company.
Crosby M. C. (2007), *The American Plague : The Untold Story of Yellow Fever, The Epidemic that Shaped Our History*, Berkley.

Chapitre 6 – Des histoires de voyages

Crosby A. W. (1989), *America's Forgotten Pandemic. The Influenza of 1918*, Cambridge University Press.
Spinney L. (2018), *La Grande Tueuse. Comment la grippe espagnole a changé le monde*, Albin Michel.
Mizumoto K., Kagaya K., Zarebski A., Chowell G. (2020), « Estimating the asymptomatic proportion of coronavirus disease 2019 (COVID-19) cases on board the *Diamond Princess* cruise ship, Yokohama, Japan, 2020 », *Euro Surveill.*, 25.

Partie III – Les maladies infectieuses à jamais présentes

Chapitre 1 – Des nouvelles maladies émergents

Morens D. M., Fauci A. S. (2020), « Emerging pandemic diseases : How we got to COVID-19 », *Cell*, doi:10.1016/j.cell.2020.08.021.
Jones K. E., Patel N. G., Levy M. A., Storeygard A., Balk D., Gittleman J. L., Daszak P. (2008), « Global trends in emerging infectious diseases », *Nature*, 451, p. 990-993.
Emond R. T., Evans B., Bowen E. T., Lloyd G. (1977), « A case of Ebola virus infection », *Br. Med. J.*, 2, p. 541-544.
Malherbe H., Strickland-Cholmley M. (1968), « Human disease from monkeys (Marburg virus) », *The Lancet*, 1, p. 1434.
Smith C. .E, Simpson D. I., Bowen E. T., Zlotnik I. (1967), « Fatal human disease from vervet monkeys », *The Lancet*, 2, p. 1119-11121.
Centers for Disease Control and Prevention (1999), « Update : Outbreak of Nipah virus–Malaysia and Singapore, 1999 », *MMWR Morb. Mortal Weekly Rep.*, 48, p. 335-337.
Zhong N. S., Zheng B. J., Li Y. M., Poon L. L. M., Xie Z. H., Chan K. H., Li P. H., Tan S. Y., Chang Q., Xie J. P., Liu X. Q., Xu J., Li D. X., Yuen K. Y., Peiris J. S. M., Guan Y. (2003), « Epidemiology and cause of severe acute respiratory syndrome (SARS) in Guangdong, People's Republic of China, in February, 2003 », *The Lancet*, 362, p. 1353-1358.
Van Boheemen S., De Graaf M., Lauber C., Bestebroer T. M., Raj V. S., Zaki A. M., Osterhaus A. D., Haagmans B. L., Gorbalenya A. E., Snijder E. J., Fouchier R. A. (2012), « Genomic characterization of a newly discovered coronavirus associated with acute respiratory distress syndrome in humans », *mBio*, 3, e00473-12.
Hopkins D. R. (2013), « Disease eradication », *N. Engl. J. Med.*, 368, p. 54-63.
Najera J. A., Gonzalez-Silva M., Alonso P. L. (2011), « Some lessons for the future from the Global Malaria Eradication Programme (1955-1969) », *PLoS Med.*, 8, e1000412.
Carson R. (2019), *Printemps silencieux*, Éditions Wildproject.
Fenner F., Henderson D. A., Arita I., JeZek Z., Ladnyi I. D. (1988), « Smallpox and its eradication », Organisation mondiale de la santé.
Adams A., Salisbury D. M. (2015), « Eradicating polio », *Science*, 350, p. 609.
Raslan R., El Sayegh S., Chams S., Chams N., Leone A., Hajj Hussein I. (2017), « Re-emerging vaccine-preventable diseases in war-affected peoples of the Eastern Mediterranean region : An update », *Front. Public Health*, 5, p. 283.

Chapitre 2 – Le monde méconnu des microbes

Fox G. E., Magrum L. J., Balch W. E., Wolfe R. S., Woese C. R. (1977), « Classification of methanogenic bacteria by 16s ribosomal-RNA characterization », *Proc. Natl Acad. Sci. USA*, 74, p. 4537-4541.

Woese C. R. (1987), « Bacterial evolution », *Microbiological Reviews*, 51, p. 221-271.

Mora C., Tittensor D. P., Adl S., Simpson A. G. B., Worm B. (2011), « How many species are there on Earth and in the ocean ? », *PLoS Biology*, 9, e1001127.

Whitman W. B., Coleman D. C., Wiebe W. J. (1998), « Prokaryotes : The unseen majority », *Proc. Natl Acad. Sci. USA*, 95, p. 6578-6583.

Bar-On Y. M., Phillips R., Milo R. (2018), « The biomass distribution on Earth », *Proc. Natl Acad. Sci. USA*, 115, p. 6506-6511.

Cobian Guemes A. G., Youle M., Cantu V. A., Felts B., Nulton J., Rohwer F. (2016), « Viruses as winners in the game of life », *Annu. Rev. Virol.*, 3, p. 197-214.

Suttle C. A. (2005), « Viruses in the sea », *Nature*, 437, p. 356-361.

Krishnamurthy S. R., Wang D. (2017), « Origins and challenges of viral dark matter », *Virus Research*, 239, p. 136-142.

Hug L. A. (2018), « Sizing up the uncultured microbial majority », *Msystems*, 3, e00185-18.

Chapitre 3 – L'indispensable microbiote

Strachan D. P. (1989), « Hay-fever, hygiene, and household size », *British Medical Journal*, 299, p. 1259-1260.

Pasteur L. (1885), « Observations relatives à la note de M. Duclaux », *C R. Acad. sci.*, 100, p. 69.

Suau A., Bonnet R., Sutren M., Godon J. J., Gibson G. R., Collins M. D., Dore J. (1999), « Direct analysis of genes encoding 16S rRNA from complex communities reveals many novel molecular species within the human gut », *Appl. Environment. Microbiol.*, 65, p. 4799-4807.

Sender R., Fuchs S., Milo R. (2016), « Revised estimates for the number of human and bacteria cells in the body », *PLoS Biology*, 14, e1002533.

Gensollen T., Iyer S. S., Kasper D. L., Blumberg R. S. (2016), « How colonization by microbiota in early life shapes the immune system », *Science*, 352, p. 539-544.

Sonnenburg J. L., Sonnenburg E. D. (2019), « Vulnerability of the industrialized microbiota », *Science*, 366, p. 444.

Byrd A. L., Belkaid Y., Segre J. A. (2018), « The human skin microbiome », *Nat. Rev. Microbiol.*, 16, p. 143-155.

Bay L., Barnes C. J., Fritz B. G., Thorsen J., Restrup M. E. M., Rasmussen L., Sorensen J. K., Hesselvig A. B., Odgaard A., Hansen A. J., Bjarnsholt T. (2020), « Universal dermal microbiome in human skin », *Mbio*, 11.

Welch J. L. M., Dewhirst F. E., Borisy G. G. (2019), « Biogeography of the oral microbiome : The site-specialist hypothesis », *Ann. Rev. Microbiol.*, 73, p. 335.

Yano J. M., Yu K., Donaldson G. P., Shastri G. G., Ann P., Ma L., Nagler C. R., Ismagilov R. F., Mazmanian S. K., Hsiao E. Y. (2015), « Indigenous bacteria from the gut microbiota regulate host serotonin biosynthesis », *Cell*, 161, p. 264-276.

Sherwin E., Bordenstein S. R., Quinn J. L., Dinan T. G., Cryan J. F. (2019), « Microbiota and the social brain », *Science*, 366, p. 587.

Johnson K. V. A., Foster K. R. (2018), « Why does the microbiome affect behaviour ? », *Nat. Rev. Microbiol.*, 16, p. 647-655.

Rous P. (1911), « A sarcoma of the fowl transmissible by an agent separable from the tumor cells », *J. Exp. Med.*, 13, p. 397-411.

Dzutsev A., Badger J. H., Perez-Chanona E., Roy S., Salcedo R., Smith C. K., Trinchieri G. (2017), « Microbes and cancer », *Ann. Rev. Immunol.*, 35, p. 199-228.

Barcena C., Valdes-Mas R., Mayoral P., Garabaya C., Durand S., Rodriguez F., Fernandez-Garcia M. T., Salazar N., Nogacka A. M., Garatachea N., Bossut N., Aprahamian F., Lucia A., Kroemer G., Freije J. M. P., Quiros P. M., Lopez-Otin C. (2019), « Healthspan and lifespan extension by fecal microbiota transplantation into progeroid mice », *Nat. Med.*, 25, p. 1234.

Cantley A. M., Clardy J. (2015), « Animals in a bacterial world : Opportunities for chemical ecology », *Natural Product Reports*, 32, p. 888-892.

Chapitre 4 – Ambivalents virus

Sergent E., Parrot L., Horrenberger R. (1951), « A semantic point, the word virus should not remain ambiguous », *Arch. Inst. Pasteur Alger*, 29, p. 247-252.

Lwoff A. (1957), « The concept of virus », *J. Gen. Microbiol.*, 17, p. 239-253.

Tournier J.-N. (2005), *Le Vivant décodé. Quelle nouvelle définition donner à la vie ?*, EDP Sciences.

Forterre P. (2013), « The virocell concept and environmental microbiology », *Isme Journal*, 7, p. 233-236.

Molla A., Paul A. V., Wimmer E. (1991), « Cell-free, de novo synthesis of poliovirus », *Science*, 254, p. 1647-1651.

Colson P., La Scola B., Levasseur A., Caetano-Anolles G., Raoult D. (2017), « Mimivirus : Leading the way in the discovery of giant viruses of amoebae », *Nat. Rev. Microbiol.*, 15.

Schulz F., Roux S., Paez-Espino D., Jungbluth S., Walsh D. A., Denef V. J., McMahon K. D., Konstantinidis K. T., Eloe-Fadrosh E. A., Kyrpides N. C., Woyke T. (2020), « Giant virus diversity and host interactions through global metagenomics », *Nature*, 578, p. 432-436.

Raoult D., Forterre P. (2008), « Redefining viruses : Lessons from mimivirus », *Nat. Rev. Microbiol.*, 6, p. 315-319.

Roossinck M. J., Bazan E. R. (2017), « Symbiosis : Viruses as intimate partners », *Ann. Rev. Virol.*, 4, p. 123-139.

Johnson W. E. (2019), « Origins and evolutionary consequences of ancient endogenous retroviruses », *Nat. Rev. Microbiol.*, 17, p. 355-370.

Chapitre 5 – Les maladies infectieuses liées à la modernité

Cobian Guemes A. G., Youle M., Cantu V. A., Felts B., Nulton J., Rohwer F. (2016), « Viruses as winners in the game of life », *Annu. Rev. Virol.*, 3, p. 197-214.

Krishnamurthy S. R., Wang D. (2017), « Origins and challenges of viral dark matter », *Virus Research*, 239, p. 136-142.

Lewis S. L., Maslin M. A. (2015), « Defining the Anthropocene », *Nature*, 519, p. 171-180.

Cabeza de Vaca A. N. (1979), *Relation de voyage*, Actes Sud.

Thomas Y., Vogel G., Wunderli W., Suter P., Witschi M., Koch D., Tapparel C., Kaiser L. (2008), « Survival of influenza virus on banknotes », *Appl. Environment. Microbiol.*, 74, p. 3002-3007.

Dublineau A., Batejat C., Pinon A., Burguiere A. M., Leclercq I., Manuguerra J.-C. (2011), « Persistence of the 2009 pandemic influenza A (H1N1) virus in water and on non-porous surface », *PLoS One*, 6, e28043.

Shaman J., Galanti M. (2020), « Will SARS-CoV-2 become endemic ? », *Science*, doi:10.1126/science.abe5960.

Kovats R. S., Bouma M. J., Hajat S., Worrall E., Haines A. (2003), « El Nino and health », *The Lancet*, 362, p. 1481-1489.

Cavicchioli R., Ripple W. J., Timmis K. N., Azam F., Bakken L. R., Baylis M., Behrenfeld M. J., Boetius A., Boyd P. W., Classen A. T., Crowther T. W., Danovaro R., Foreman C. M., Huisman J., Hutchins D. A., Jansson J. K., Karl D. M., Koskella B., Welch D. B. M., Martiny J. B. H., Moran M. A., Orphan V. J., Reay D. S., Remais J. V., Rich V. I., Singh B. K., Stein L. Y., Stewart F. J., Sullivan M. B., Van Oppen M. J. H., Weaver S. C., Webb E. A., Webster N. S. (2019), « Scientists' warning to humanity : Microorganisms and climate change », *Nat. Rev. Microbiol.*, 17, p. 569-586.

Partie IV – La découverte d'un vaccin contre le Covid-19 à l'Institut Pasteur

Chapitre 1 – Une brève histoire des vaccins et de la vaccination

Debré P. (2010), *Louis Pasteur*, Flammarion.
Perrot A., Schwartz M. (2013), *Pasteur et ses lieutenants. Roux, Yersin et les autres*, Odile Jacob.
Perrot A., Schwartz M. (2014), *Pasteur et Koch. Un duel de géants dans le monde des microbes*, Odile Jacob.
Tangy F., Tournier J.-N. (2017), *Les Vaccins pour les nuls*, Éditions First.

Remerciements

Ce livre n'aurait pu être écrit sans les nombreuses discussions stimulantes et les échanges scientifiques qu'ont eus les deux auteurs dans leurs instituts respectifs et par leurs interactions avec la communauté scientifique et médicale des maladies infectieuses.

Frédéric Tangy et Jean-Nicolas Tournier souhaitent remercier Caroline Brizard pour la précision de son travail éditorial et son énergie alors qu'elle était elle-même atteinte du Covid-19.

Ils remercient Odile Jacob pour son soutien et son enthousiasme dès le départ du projet, son aide constante, ses idées et ses grandes qualités d'éditrice incontournable pour les scientifiques et au service de la promotion de la science.

Frédéric Tangy :

À Laurence, qui a enduré cette année de folie avec moi et m'a aidé à la supporter avec tout son amour sans lequel je ne serai rien.

Je tiens à remercier et à exprimer toute mon admiration au personnel du Laboratoire d'innovation vaccinale de l'Institut Pasteur, qui s'est donné sans compter et avec beaucoup de talent pour mettre au point un candidat vaccin original contre ce maudit coronavirus : Aleksandr Barinov, Jérémy Brunet, Zaineb Choucha, Chantal Combredet, Nicolas Escriou, Idalina Filipe,

Jibby Frantz, Marion Gransagne, Valérie Najburg, Claude Ruffié. Je remercie aussi l'ensemble du personnel des autres laboratoires de l'Institut Pasteur qui nous ont aidés.

Jean-Nicolas Tournier :

À mes proches, ma famille et mes soutiens qui se reconnaîtront.

À la grande famille de la science, en particulier au personnel du département « Microbiologie et maladies infectieuses » de l'IRBA, qui a forcé mon admiration au cours de cette crise. Ils ont fait preuve d'un dévouement, d'un enthousiasme au travail et d'une créativité extraordinaire dans des conditions particulièrement difficiles pour la lutte contre le Covid-19.

À la grande famille des soignants pour leur abnégation en cette période si difficile, en particulier ceux que j'ai pu croiser sur le terrain de la lutte contre cette épidémie.

Table

PARTIE II

Le rôle des maladies infectieuses dans l'histoire de la France et du monde

PARTIE IV

La découverte d'un vaccin contre le Covid-19 à l'Institut Pasteur

Cet ouvrage a été composé
par Nord Compo
à Villeneuve-d'Ascq (Nord).

Achevé d'imprimer en février 2021 par

ISIPRINT

15 rue Francis de Pressensé
93210 La Plaine Saint-Denis

N° d'édition : 7381-5432-2 - N° d'impression : 156837
Dépôt légal : janvier 2021

Imprimé en France

PEFC 10-31-2581 / Certifié PEFC / pefc-france.org

IMPRIM'VERT